花卉设施栽培

王建书　卢彦琪　编著

中国社会出版社

前 言

花卉生产是农业种植业中的重要部分，它既是一种农产品，又是一种商品性极强的鲜活产品。产品的种类和品种受市场影响很大，更新换代速度极快。同时，现有的观赏花卉不仅包括人们通常所说的草本花卉，还包括大量的木本花卉。不仅有我们目前常见的各种当地植物，还有大量源于热带、亚热带的花卉。其生态特性即对温度、光照、水分和土壤的要求各异，栽培条件各不相同，生长发育特性也多种多样。这就需要科技含量和经济效益高的花卉设施栽培产业，此产业在农业产业结构调整中成为优势项目而得到了高速发展，并已成为新世纪我国农业最具活力的新兴产业之一，对促进农业增效、农民增收和繁荣农村经济发挥着重要作用。花卉设施栽培是利用现代农业装备创造出适宜花卉生长的环境条件，来生产花卉产品的现代农业生产方式。花卉设施栽培生产过程，是通过调控环境因素，使植物处于最佳的生长状态，使光、热、土地等资源得到最充分地利用，可以实现周年生产和产品的均衡供应，从而大大提高了土地利用率、劳动生产率、农产品质量和经济效益。花卉设施栽培涉及花卉学、环境调节、建筑工程等学科。所用知识广泛，内容综合。全书用通俗的语言深入浅出地介绍了花卉的生长条件、温室工程设施建设和环境调控技术、花卉的设施栽培管理及具体花卉的周年生产技术等方面的内容。本书密切结合花卉生长条件和设施栽培的生产实际，内容丰富，科学性、实用性、针对性都很强，语言简练、通俗易懂。适合广大农民朋友和花卉爱好者参考使用。

由于作者水平有限，书中不足和疏漏之处在所难免，诚请广大读者批评、指正。

编者

2009年5月

目 录

第一章

花卉的生长条件

一、花卉与温度

（一）花卉生长发育的适温与临界温度

1. 概念

（1）影响花卉生长和开花结实的三种温度：年平均温度、生长期的积温、冬季最低温。

（2）温度三基点：每一种花卉有生长的最适温度、最高温度和最低温度，生态学上称温度三基点。

（3）温周期：植物对昼和夜之间交替的反应称光周期现象，相应的温度交替反应是温周期现象。

2. 花卉对高温的忍耐力

一般花卉在 35℃～40℃时生长逐渐受到抑制。绝大多数花卉当温度升高达 50℃以上时便会死亡。

（二）花卉对温度的要求

一般种子萌发期需要较高的温度，而苗期则要求较低的温度。

植物感受低温的部位是叶片。根部能忍受的最高温度为 45℃。

（三）温度对花卉生长发育的影响

1. 低温对开花的诱导作用

春化阶段：有些花卉在开花之前需要一段时间的低温刺

激，这种需要低温阶段才能开花的过程称为春化阶段。

2. 有些花卉是在20℃或更高的温度下通过春化阶段进行花芽分化叫做高温春化。

3. 温度对花朵的影响

多数花卉开花时阳光充足、气温较高则花香浓郁；不耐高温的花卉遇高温花香便淡。

二、花卉与光照

光影响花卉主要有两方面：一是光照强度，二是光照时间的长短。

（一）光与花卉的关系

1. 光照强度

花卉对光照强度的要求大致分为三种类型：

（1）阳性植物或称喜光植物　这类花卉在全光照下才能正常生长，不能忍受遮荫。喜光的花卉包括大部分露地栽培的一、二年生草花、宿根花卉、球根花卉、木本花卉以及多浆植物等。

（2）阴性植物或称喜阴植物　这类花卉多半原产于山背阴坡、山沟溪涧、林下或林缘，只有在遮阴条件下才能正常生长。

（3）耐阴植物　这类花卉对光照有较广的适应力，虽适于全光照下生长，但在形态上和生态上可塑性大。

强光下紫外线多，能促进花青素的形成，因而花色果色艳丽。强光还有抑制植物生长的作用，使花卉节密矮化。

2. 光照时间

光照时间的长短会影响到开花。花芽开始分化后，强光照和长日照能促进花器官的形成。

（二）光照的调节

日光是由不同颜色的光组成的，而植物的光合作用主要是利用红色光。根据花卉开花所需光照时间的长短分为：

1. 长日照植物：当光照时间每天达到 12 小时以上（一般为 14 小时），经一段时期后才形成花芽的花卉。

2. 短日照植物：指光照时间每日在 12 小时以下（一般仅 10 小时），经一段时期才形成花芽的一些花卉。延长光照短，日照花卉将继续进行营养生长，则开花后延。

3. 中间型花卉：花芽分化与日照时间的长度没有显著的关系。

通过遮光或延长光照可使花卉在非正常时期开花。

三、花卉与水分

（一）花卉对水分的需求

花卉对水分的需求大致可以分为四种类型：

1. 水生花卉：如荷花、睡莲、王莲、大花凤眼兰、水葱、荇菜、伞草等。这类花卉一般还需要较强的光照。

2. 湿生花卉：适于生长在水分比较充裕，甚至积有浅水条件下的一类花卉。如海芋、华凤仙、龟背竹等，喜光的如水仙、燕子花、马蹄莲、花菖蒲等。

3. 中生花卉：这类花卉对水分的需求介于湿生与旱生花卉之间，能在适量供水条件下正常生长。

4. 耐旱花卉：这类花卉常有持水和保水的结构，多半原产干旱、沙漠或雨季与旱季有明显区分的地带。常见的有仙人掌类、仙人球类、大芦荟、龙舌兰等。

（二）花卉的不同生育阶段与水分的关系

植物体的含水量一般随年龄增长而递减。花卉从种子萌发到幼苗期是含水量最高的时期。花色与水分有关，水分充足才能显示花卉品种色彩的特性，花期也长，水分不足则花色深暗。

多肉植物在冬季休眠期，当温度在 10℃以下时可以不灌水。空气湿度也会影响花卉的生长，大多数花卉要求60%～90%的相对湿度。

四、花卉与土壤

（一）花卉对土壤的要求

1. 砂土类：粒间孔隙大，通透性好，但蓄水保水力低，土温变幅大。应种植耐旱的种类和品种，及时多次少量灌水施肥，多施未腐熟或半腐熟的有机肥以改良土壤。

2. 黏质土：含矿物质营养丰富，保水保肥能力强，有机质分解缓慢，有利于腐殖质积累和肥效持久，但土壤胀缩性强，干时坚硬，通透性差，早春土温上升缓慢，土温变幅小。可种植多年生深根性花卉或混掺砂土以改良土壤。

3. 壤土类：所含砂粒与粘粒比例适当，通透性和可耕性良好，蓄水保肥能力强，是多种花卉栽培生产的理想土壤。

提高和维持土壤有机质含量的措施，一是增施有机肥，二是调节土壤有机质的转化条件。

（二）土壤耕作与花卉生长发育的关系

土壤的肥沃主要表现在能充分供应和协调土壤中的水分、养料、空气和热能，以支持花卉的生长和发育。

通过耕作措施使土层疏松深厚，有机质含量高，土壤结构和通透性能良好，蓄保水分养分和吸收能力高，微生物活动旺盛等，都是促进花卉生长发育的条件。

（三）花卉的其他栽培机质

1. 蛭石：能吸收大量的水，保水、持肥、吸热、保温的能力强，常与珍珠岩或泥炭混合使用。

2. 珍珠岩：通气性能良好，易消毒和贮藏，而有效含水量和吸收能力差。常和蛭石或泥炭混合使用。

3. 泥炭：依形成的条件，泥炭有低位、高位和中位之分。

低位泥炭多发育于地势低洼地，营养丰富，含氮和灰分高。

4. 锯末木屑和稻壳：以木屑混合、体积占25%的稻壳，既有较好的持水性，又具有优良的通气性。含碳量高，但含氮不足，实际栽培时应加入含氮化合物。

五、花卉与空气

（一）空气的成分与花卉的生长发育

1. 二氧化碳：是绿色植物进行光合作用合成有机物质的原料之一。通常白天植物光合作用过程中吸收二氧化碳的速度总是超过呼吸作用释放的二氧化碳的速度。

2. 氧：是植物进行呼吸作用、吸收氧气释放二氧化碳、产生能量成为生命活动的动力。在花卉栽培中常因灌水太多或土壤板结，造成土壤缺氧，引起根部危害。种子萌发过程需足够氧气，否则会因酒精发酵毒害种子使其丧失发芽力。

3. 氮：空气中含有78%以上的氮，但它不能直接为大多数植物所利用，只有靠豆科植物以及某些非豆科植物固氮根瘤菌才能固定成氨或铵盐。

（二）空气污染对花卉的影响

1. 氟化氢：对氟化氢敏感的花卉有：唐菖蒲、郁金香、杜鹃、梅花等。通过叶的气孔或表皮吸收进入细胞内，经一系列反应转化成有机氟化物影响酶的合成，导致叶组织发生水渍斑，后变枯成棕色。氟化氢对植物的危害首先表现在叶尖和叶缘，呈环带状。然后逐渐向内发展，严重时引起全叶枯黄脱落。

2. 二氧化硫：通过叶的气孔进入叶片，为叶肉吸收变为亚硫酸盐离子，使植物受到损害，植物的新陈代谢受到干扰，光合作用受到抑制，氨基酸总量减少。对二氧化硫敏感的花卉有：矮牵牛、波斯菊、百日草、玫瑰、石竹、月季等。

3. 氯：杀伤能力比二氧化硫大，能很快破坏叶绿素，使叶片退色变白脱落，初期伤斑主要分布在叶脉间，呈不规则点或块状。与二氧化硫危害症状不同之处为受害组织与健康组织之间没有明显界限。对氯敏感的花卉有珠兰、茉莉、米兰、夜来香等。

4. 臭氧：危害植物栅栏组织的细胞壁和表皮细胞，在叶片表面形成红棕色或白色斑点，最终导致花卉的枯死。

第二章

花卉栽培的设施

花卉栽培是较为精细的栽培工作，现代社会的发展为花卉生产提出了更高要求，不仅要求花卉种类丰富，高产优质，而且要求不受地区和季节限制达到周年生产，这就必须有一定的设施保障。同时，设施也为花卉的集约栽培、工厂化生产创造了条件。设施栽培在花卉生产中占有不可替代的地位。花卉设施栽培，是指应用设备和采用一些措施对花卉植物进行保护和生产。使用的设备种类、类型繁多，栽培措施各异，并在不同季节内栽培，因此与露地生产相比具有以下特点：

1. 需选用必要的设备

我国现今使用的保护设备大体可分为：大型设备，如塑料薄膜大棚，单栋和连栋温室等；中小型设备，如中小拱棚、温床等；简易设备，如风障、温床、简易覆盖、地膜覆盖等。

各种设备性能不同、作用各异。在选用设备时应根据当地的自然条件、经济条件、市场需要、栽培季节、栽培目的和技术水平等，选用适用配套的设备进行生产。

2. 高投入高产出

设施栽培，除需要设备投资外，还需加大生产投资。因设施的投资大，面积小，故必须在单位面积上获得较高的产量、优质的产品、提早或延长（延后）供应期，提高生产率，增加收益。

3. 创造小气候条件

花卉植物的设施栽培，是在不适宜其生长发育的季节进行生产，因此设施设备中的环境条件，如温度、光照、湿度、营养、水分及气体条件等，要靠人工或自动进行创造，调节控制，以满足花卉植物生长发育的需要。

4. 要求较高的栽培管理技术

设施栽培较之露地生产要求严格的和复杂的技术，首先必须了解不同花卉植物在不同生育阶段对外界环境条件的要求，并掌握保护设备的性能及其变化规律，从而创造适宜花卉植物生育的气象及土壤等方面的环境条件。及时地调节小气候条件和采取相应的农业技术措施。

5. 能充分利用当地资源

设施栽培中，主要条件是光源。充分利用太阳的光热进行增温，并用设施进行防寒保温，温度不足时进行加温或补充加温。在有条件地区应充分利用太阳能（光热）、地热（温泉）、生物酿热、工业的热气或热水等热能进行设施的加温。这样可以降低成本，增加收入。

6. 要求实行生产专业化

随着设施栽培面积的逐年扩大，并建成固定的大棚、温室群及与设施有关的附属设备等，除在不适宜的季节生产园艺产品外，而且要进行全年生产。因此，必须建立专业组织，进行专业化生产，以提高设备的利用率，不断地总结经验，提高生产技术，逐步向生产现代化发展。

常见的花卉栽培设施主要的几种形式将在本章分节讲述。

第一节 温 室

温室是用有透光能力的材料覆盖屋面而成的保护性植物栽培设施。在不利于花卉生长的自然环境中，温室能够创造适宜植物生长发育的条件。温室在我国北方尤为重要，一些原产热带、亚热带的植物，大多都要利用温室这个小环境，即使在我国北方能露地栽培的观赏植物，也可以在冬季利用温室进行促成栽培，提早或延迟花期。温室是观赏植物栽培生产中必不可少的设施之一。

一、温室的类型

1. 根据建筑形式分：单屋面温室、双屋面温室、不等屋面温室、连栋式温室（图 2—1）。

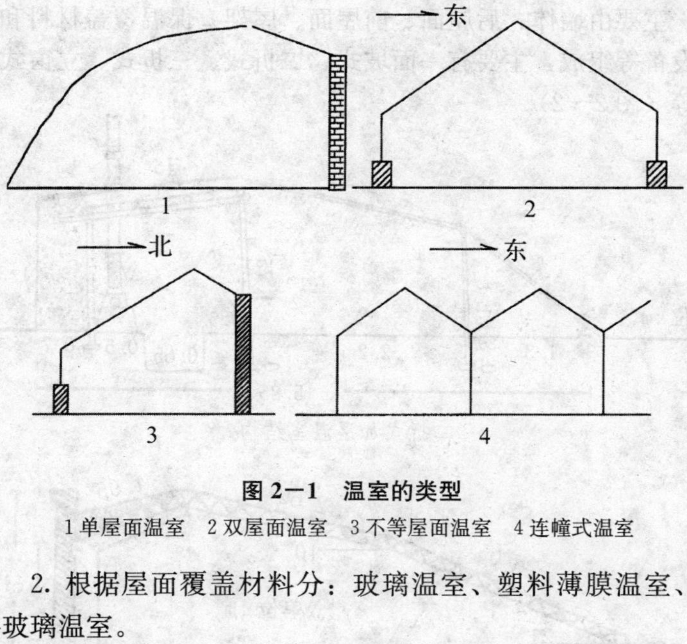

图 2—1　温室的类型

1 单屋面温室　2 双屋面温室　3 不等屋面温室　4 连幢式温室

2. 根据屋面覆盖材料分：玻璃温室、塑料薄膜温室、塑料玻璃温室。

3. 根据用途分：生产性温室、观赏性温室、试验研究温室。

4. 根据温度分：高温温室（18℃～36℃）、中温温室（12℃～25℃）、低温温室（5℃～20℃）、冷室（0℃～15℃）。

5. 根据温室能源分：加温温室、日光温室。

6. 根据建筑材料分：土温室、砖木结构温室、水泥骨架温室、复合材料温室、钢结构温室、铝合金结构温室。

二、温室的结构

总体来讲，温室结构包括屋架、墙（山墙和后墙）、地基、加温设备与覆盖物（薄膜与草帘）等，屋架又分前屋面和后屋面。不同的温室类型有不同的结构，现分别介绍。

（一）单屋面玻璃温室

主要由墙体、后屋面、前屋面、屋架、保温覆盖材料和加温设备等组成，主要有一面坡式、二折式、三折式、立窗式温室等（图 2—2）。

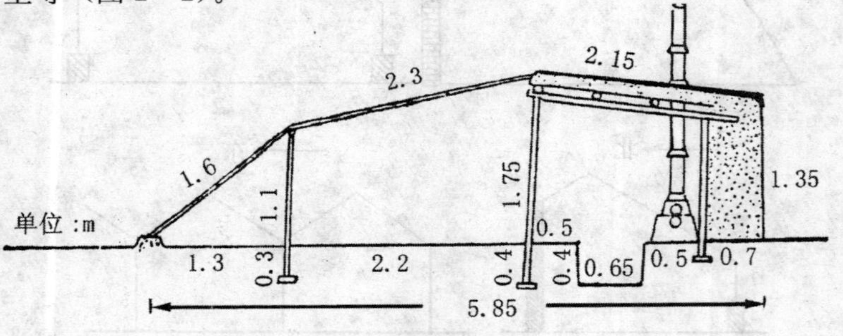

二折式加温温室结构

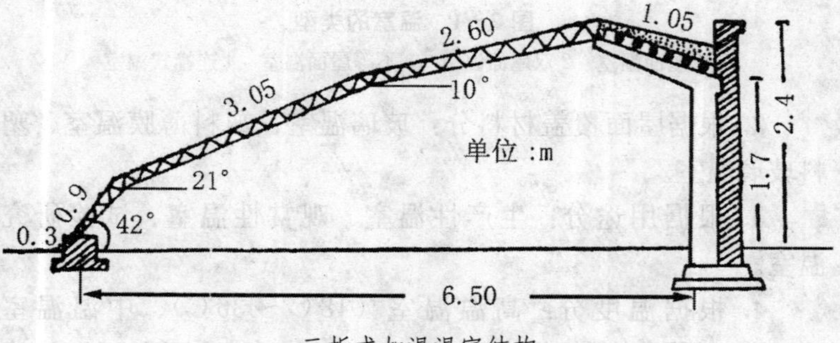

三折式加温温室结构

图 2—2　单屋面玻璃温室结构

（二）单屋面塑料薄膜温室（图 2—3）

分加温温室和日光温室，目前日光温室已成为我国温室的主要类型。凡是热能主要来源是太阳辐射的温室叫日光温室。日光温室的特点是以太阳能作为主要热源，以保温节能为特征，充分利用反射光。为加强保温应增加墙厚，砌成空心墙或利用山坡自然地形作后墙，南面地窗下挖防寒沟，内填防寒材料。屋面覆盖，内设天幕。

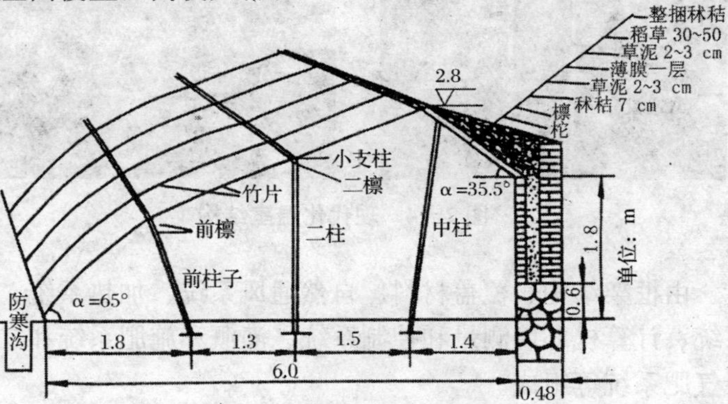

混合墙体竹木结构日光温室结构

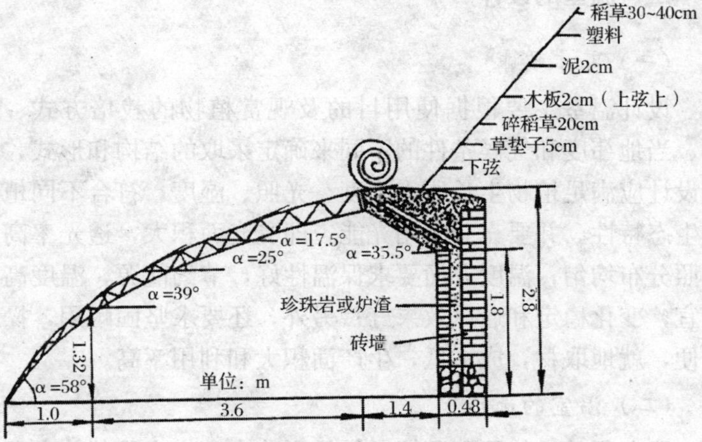

鞍Ⅱ型塑料日光温室结构

图 2—3　单屋面塑料薄膜温室结构

（三）双屋面温室

这类温室主要由钢筋混凝土基础、钢材骨架、透明覆盖材料、保温幕和遮光幕以及环境控制装置等构成。

（四）现代化温室（图2—4）

图2—4 现代化温室结构

由框架结构、覆盖材料、自然通风系统、加热系统、帘幕系统、计算机环境测量和控制系统、灌溉和施肥系统和二氧化碳气肥系统等组成。

三、温室的设计

（一）基本要求

设计温室主要根据使用目的及观赏植物的栽培方式、种类、当地纬度和气候条件的不同来确定采取的结构和形式，温室设计应满足植物生长所需温度、光照、湿度，符合不同植物的生态特性。并要充分利用光能，即受光面积大，透光率高和光照分布均匀；温度方面要求保温性好，节约能源，温度高低适宜，变化稳定和通风效果好；另外，还要求坚固耐用，操作方便，就地取材，成本低，生产面积大和利用率高。

（二）温室的选址

温室所处的位置和环境条件是影响未来生产及其他方面能否正常进行的重要因素，一般选址应考虑光照及通风条件，如树林、树丛以及建筑物的北侧不宜建造温室，而应建在其南侧。这样，建筑物和树林、树丛既可作为防风屏障，又不影响进入温室的光线。地势也是应考虑的因素之一，要选择地势略为高燥、地下水位低的地方，以防雨季大量积水。如果地势低洼，则应增加防水措施，修建排水沟。应选择地势平坦、土质良好的地区建造温室，以利于花卉栽培。并减少施工时的土方工程。此外，还应考虑水源、电源、交通是否便利等因素。

（三）温室的间距

设计温室群的重要问题是温室的间距。所有温室应尽可能集中，以利管理和保温，但以彼此不遮光为原则。东西向温室之间的距离，由于中午前后彼此没有遮阳现象，在管理方便和有利通风的前提下，两排之间的距离以不小于两倍温室跨度为宜。

（四）总体尺寸设计

温室面积的大小，应根据生产需要、栽培花卉的种类以及加温通风条件而定。一般生产温室宜大，盆栽或供繁殖用的温室宜小，学校、植物园的标本温室，公园的展览温室，需要栽培不同环境条件的各种观赏植物，应根据需要分隔成各种不同的小间。

温室类型和规格确定应根据生产目的、用途、经济条件及场地而定。一般庭院栽培，可选择拱圆式或改良式温室，规格：中小型温室，长 20～25 米，宽 6 米，高 2.65 米左右，面积 120～150 平方米；大型温室长 50～60 米，宽 7～9 米，高 3.2～4.0 米左右，面积 350～540 平方米。后墙高度 1.8～2.5 米。根据纬度和太阳高度变化，地窗和天窗取不同的角度。

（五）采光设计

温室热量的来源，主要是来自太阳的辐射热，因此，采光设计是建造温室时的首要问题，应最大限度地将阳光透射到温室内部来。

（六）保温设计

保温设计是温室设计中第二位的重要问题，利用温室栽培花卉，尤其是在严寒的冬季，温室内外的温差极大，应尽可能地减少热量损耗，充分利用太阳的辐射热，创造适于花卉生长的小气候条件。

四、温室内环境的调节

基于温室本身的特点，使得温室内的环境也伴随着出现了一些缺点，比如光照弱、温差大、低温威胁频繁、气体交换差、气流量小和湿度大、病害发生频繁率高，从而影响到温室温度、光照、湿度。为了克服这些缺点，可加设相关设施进行人为调节，现介绍如下：

（一）温度的调节

1. 加温

(1) 烟道加热。这种加温方式由炉灶、烟道、烟囱三部分组成。炉灶低于室内地平线 90 厘米左右，坑宽 60 厘米，长度视温室空间、操作方便而定。烟道是炉火加热的主要散热部分，由若干节直径为 25 厘米左右的瓦管或陶管连接而成，也可用砖砌成方形烟道。烟道应与炉灶有一定坡度，以使烟顺利、缓慢地通过烟道，并在室内充分散热。烟囱高度应超过温室屋脊，其高度根据烟道长短和拔火快慢而定。烟道加温一般采用煤炭，热能利用率仅为 25%～30%，且污染室内空气，并占据一部分栽培用地，是一种落后的加温方式。

(2) 热水和蒸汽加热。热水加热多采用重力循环法。水加热到 80℃～85℃后，从锅炉经水管通过水泵运至散热管内，当管内热量散出后，水即冷却，比重加大，使水返回锅炉管道，再提高水温。蒸汽加热是利用水蒸气来供暖，不需要安装水泵。该法升温快，便于调节。加热使用的燃料有煤、柴油、天然气、液化石油气等。

此加热法散热器的形式有两类，一类是将金属散热器固定于四周墙壁，同普通住宅的供热装置相似；另一类装置以金属或塑料管并排铺于地面或栽培床的下面，管内通以循环热水，这样受热部位是植物根部区域，然后才是温室其他空间。大规模花卉生产应集中供热，采用由中心锅炉供热的采暖系统，可减少能耗和环境污染。

(3) 电热加温。有暖风机和电热线等多种加热形式。一般额定功率为 2000 瓦的电暖风器，可供 30 平方米高温温室或 50 平方米中温温室供暖使用。电热线的加温有两种，一种为加热线外套塑料管散热，可将其安装在繁殖床的土壤中，用来提高土温；另一种是用裸露的加热线，用磁珠固定在花架下面，外加绝缘保护，控温部分的继电器可自动调节温度。

电热加温供热均衡，便于控制，节省劳力，清洁卫生，但成本太高，一般只作补温使用。

2. 保温

在冬季，温室内的温度除靠人工加温外，主要还靠温室白昼所吸收的日光辐射热，应尽量防止热量在夜晚散出。

(1) 蒲帘保温。大部分温室均采用蒲帘（蒲席）。蒲帘的编制材料为蒲草和芦苇。编制时下面用一层 3～4 厘米的蒲草，御寒功能良好，但蒲草质地柔软易折断，故在其上面加一层厚 2～3 厘米的芦苇，用来起防晒、防磨及挺立的作用。每隔 30 厘米用麻绳穿连编制。蒲帘一般宽 2.2～2.4 米，长可根据需要而定。

(2) 保温幕。保温幕是两用装置，冬天可以保温，夏季可以遮阳，它架在两条天沟之间，用机械传动，打开后可以覆盖整个温室，把热能尽量保存在保温幕之下，形成一个空气隔热层。夏季保温幕下面的空间保持凉爽，减少阳光的灼晒。经测定，保温幕夏季可降温 9℃～12℃，冬季可使室温提高 2℃～5℃。

保温幕有单层、双层、三层之分。双层幕帘一层为透明保温幕，一层为允许空气流动的遮阳幕。保温幕一般由人造纤维织成，也有用聚乙烯/铝箔制成，并分内用型和外用型。

另外，具有防水和阻隔紫外线功能的化纤保温被、用牛皮纸夹废报纸涂以桐油制成的纸被以及棉被、泡沫塑料均可作为冬季防寒的覆盖物，保温效果也都很好。

3. 降温

一般温室降温主要依靠通风窗和门进行。如果通风换气无法满足要求时，需用降温设备。目前应用最普遍的是风扇—水帘降温系统，它由水帘、循环水系统、排风扇和控制系统组成，排风扇装在温室一端，水帘装在温室的另一端。水帘是由具有吸水性、透气性、多孔性的材料制成。常用的材料有杨木细刨花、聚氯乙烯、浸泡防腐剂的纸制成的蜂窝板等。当系统启动后，水从上水管沿水帘缓缓流下，从回水槽流入缓冲水池，同时，另一端排风扇将空气抽出，温室内部形成负压状态，外部空气通过水帘进入温室，内部空气湿度增加而温度下降。此系统可通过按钮启动，也可通过与温室测温系统联结，在温度达到一定程度时自动开启。一般室外温度 38℃时，通过水帘降温，可使室温达到 30℃左右。

另一种为微雾降温，使雾滴迅速蒸发，利用水蒸发时潜能大的特点，大量吸收空气中的热量，然后将潮湿空气通过风扇排出室外，从而达到降温目的。

（二）光照的调节

1. 补光和遮光

温室内反射光利用得好，不仅能增加光照度，而且可以改善光照的分布，是一种花钱少、效益高的补光设施。最简单的方法是将温室墙面涂白。此外，在北墙内侧设置反射镜和反射板、反射膜，利用它们对阳光的反射，增加室内光照。反射板一般是铝板，或用铝箔、银灰色反光膜贴在轻质薄板上，反光率可达80%，可使栽培床面的受光强度比普通温室增加一倍，甚至比室外高10%～20%，而且可提高室内气温、地温和夜温。反射光的距离可达反射板高度的2倍，反射板可垂直安置，也可倾斜安置。使用聚酯镀铝膜作为反光幕，可将其张挂在温室的北墙内侧或中柱南侧，反光幕可使冬季光照度增加30%～40%，春季提高15%左右。

另外，为了使促成栽培的植物增加一定时数的人工补充光照，满足植物生长发育的生理需要，在温室内都备有补光设施。例如霞草为长日照植物，所需光照为每日16小时，因此在自然光照不足16小时时，应予以人工补光。适合于人工补充光照的灯有白炽灯、荧光灯、水银荧光灯、金属卤灯、高压钠灯等。一般将灯固定在中柱的两边或挂在栽培床的正上方，但灯泡功率的大小和安装密度及补光开启时间，依不同植物的需要而不同。

温室内还应装有遮光设施，这主要用来进行人工短光照。一般是用双层黑布或黑色塑料膜制成的可以往复扯动的黑幕。根据不同植物对光照时间的不同要求，在下午日落的前几小时，放下黑色布帐或薄膜，使温室内每天保持预定时间的短日照环境，以满足某些短日照植物对光照时间的生理要求。如使用切花秋菊品种在夏季生产切花，就需要有遮光设备，应在春夏季从下午5时至次日早7时使用黑幕，将定植的切花菊小苗完全罩起来，形成人工短日照环境，至少需要6周以上处理才能开花。

2. 遮阳

遮阳的目的主要是减弱温室或塑料棚中的光照度，降低气温或植物体温。当夏季光照太强、湿度过高，对花卉的生长发育有影响时，需要进行遮阳。

常用的遮阳材料有苇帘、竹帘、遮光纱网、不织布等。遮阳材料要求有一定的透光率、较高的反射率和较低的吸收率。

我国目前使用的遮光纱网多由黑色或银色聚乙烯薄膜编织而成，中间缀以尼龙丝以提高强度，遮光率有从45%～90%的不同规格。近年来，国外使用的遮阳网有更先进的形式，其中一种为双层遮阳网，外层是银白色网，可将阳光和热量反射回外部空间，内层为黑塑料网，以遮挡部分阳光和降温。另一种是既可减弱光强度，又可以透过植物所需要的光谱，把一些不需的光谱反射掉的新型遮阳网。

国外还流行一种“流水遮阳”系统。这种系统由蓄水池、水泵和喷水管组成，适用于拱型或脊式温室，尤其是连拱式或连脊式温室。喷水管是有成排小孔的金属管，将管安装到温室顶部，冷水由蓄水池经水泵送到管内，在玻璃或其他覆盖物表面上形成流动水幕。冷水常被染成绿色，借以吸收更多的由于日光的红外辐射所产生的热量，喷出的水由天沟回到蓄水池，经冷却后循环使用。

（三）湿度的调节

1. 空气湿度

温室中空气湿度的调节主要通过通风。目前我国使用的双窗面脊式温室和一面坡温室，设有配套的通风降温装置，一般在顶部和侧面都有通风窗，打开通风窗可使空气流通。有些一面坡温室在后墙开有小窗，与顶部通风窗同时打开可形成对流。还有些温室为加快通风换气，在温室四周的墙脚下设进风口，温室上部设出气口，这种做法通风换气的效果更好。

温室内还可装空气压缩机，可把吹风机设在下部，产生“人造风”，对通风换气、夏季降温也十分有利。

目前，现代化温室使用的通风保温墙，以镀锌钢板和铝合金为框架，支撑双层充气垫，围绕温室四周，侧墙、脊窗和棚顶采用4～6个小鼓风机和两个单双级感温器控制，全自动调节室内温度。当室内温度过高需要通风时，通风墙自动开启，吸收新鲜自然风，并排除不新鲜的或室内的热空气，冬季和夜间保温通风墙充气，形成厚厚的夹层气垫，有很好的保温效果。

在温室或塑料大棚内，由于与室外空气交换不畅，在白天，植物光合作用强时，常常出现二氧化碳气体浓度不足，致使植物的光合作用强度减弱，这时需要设置二氧化碳补充设备。在温室内补充二氧化碳的方法有燃烧法——燃烧煤、沼气和液化石油气等；干冰法——固体二氧化碳自然升华；化学反应法——碳酸盐和硫酸反应法等。增施有机肥，以秸秆、畜禽粪为主的农家肥，在土壤中分解可释放大量的二氧化碳，补充室内二氧化碳的不足。同时，应使用二氧化碳测定仪定时检查室内二氧化碳浓度。否则，二氧化碳浓度过高，植物也会受到伤害。

2. 土壤湿度

可用多种灌溉法如地表灌水法，底面吸水法，喷灌法，滴灌法以增加土壤湿度；土壤中盐类浓度及其调节，包括正确选择肥料的种类，施肥量和施肥位置和深翻改良土壤；防止表层盐分积累，如地面覆盖、切断毛细管、灌水，或夏季去掉屋顶玻璃，打开天窗让雨水淋漓；更新换土；此外还有土壤消毒法，具体方法将在第四章中详细介绍。

五、温室内部设施

1. 种植台：放置盆花的台架；

2. 种植床：温室内就地栽培或高出地面的栽培区域；

3. 繁殖床：常在加温管道上设置；

4. 水池与水箱：用于贮存温室内灌溉用水；

5. 加温设备：烟道、热水、热风、蒸汽、电热、发酵等；

6. 室内通路：一般为 1.8～2.0 米，生产温室的通路不宜太宽，一般为 0.8～1.2 米

7. 照明设备：在室内安装的照明设备，所有的供电线路必须用暗线，灯罩为封闭式的灯头，开关要选用防水性能好的材料，以防因室内潮湿而漏电。

第二节　塑料大棚

一、塑料大棚在花卉生产中的作用

1. 可代替温床、冷床，甚至可代替低温温室，其费用仅为建一个温室的 1/10 左右；

2. 良好的透光性，白天可提高地温 3℃左右，夜间可减少热气的散发起到保温作用；

3. 建造简单，耐用、保温、透光，气密性能好，成本低廉，拆装方便，适于大面积生产。

二、塑料大棚的类型和结构

（一）塑料大棚的类型

1. 根据棚顶形状分：拱圆形塑料大棚、屋脊形塑料大棚；

2. 根据骨架材料分：竹木结构、钢架混凝土柱结构、钢架结构、钢竹混合结构塑料大棚；

3. 根据连接方式分：单栋大棚、双连栋大棚、多连栋大棚（图 2—5）；

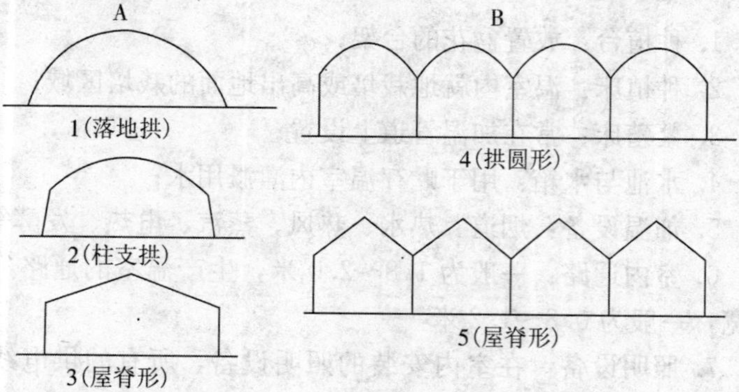

图 2—5　塑料大棚的类型

A　单栋大棚　　B　连栋大棚

4. 根据覆盖材料分：聚氯乙稀薄膜、聚乙稀薄膜、醋酸乙稀薄膜大棚。

（二）塑料大棚的结构（图 2—6）

塑料大棚的骨架是由立柱、拱杆（拱架）、拉杆（纵梁、横拉）、压杆（压膜线）等组成，俗称"三杆一柱"。

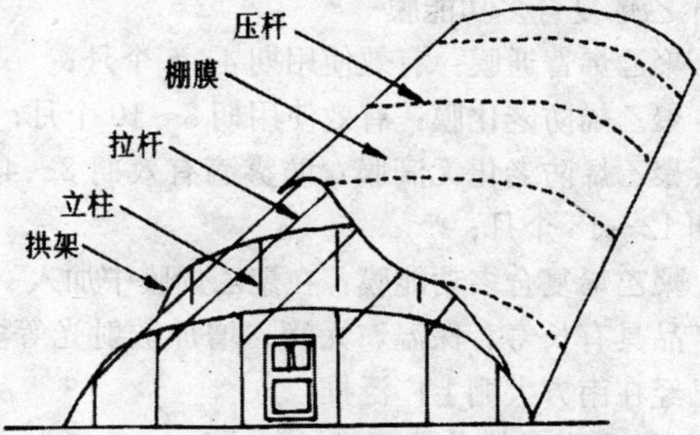

图 2—6　塑料大棚的结构

三、简易大棚的建造方法

（一）场地选择

建造塑料大棚的场地应地势平坦，背风，向阳，场地四周无高大建筑物和树木遮荫。

（二）搭建支架

塑料大棚的建造要符合经济、有效、实用的要求。搭建的方向，只要条件允许大棚应采用南北向。大棚一般高为 2.5～3.0 米，宽 6～12 米，长 40～60 米，单个大棚面积为 0.5～1.0 亩。两个大棚之间相距 1.5～2.0 米，边柱距棚边 1 米左右，同一排柱间距离为 1.0～1.2 米。

（三）选择适宜薄膜

1. 聚氯乙烯

(1) 聚氯乙烯普通膜：有效使用期 4～6 个月；

(2) 聚氯乙烯防老化膜：有效期可以延长到8～10个月；

(3) 聚氯乙烯无滴膜：可以防止膜的表面产生雾滴，防雾滴有效期为4～6个月；

(4) 聚氯乙烯防尘无滴膜：可以长时间内保持良好的透光性。

2. 聚乙烯复合多功能膜

(1) 聚乙烯普通膜：有效使用期4～6个月；

(2) 聚乙烯防老化膜：有效使用期8～10个月；

(3) 聚乙烯防老化无滴膜：防雾滴有效期2～4个月，有效使用期12～18个月；

(4) 聚乙烯复合多功能膜：在聚乙烯膜中加入一种功能助剂，使产品具有长寿、保温、无滴、增加散射光等多种功能，近年来已经在南方大棚上广泛推广。

3. 乙烯-醋酸乙烯共聚薄膜

这种材料的价格比聚乙烯略高，但它耐低温性能和透明度非常好，耐老化性能和机械强度更好。

四、塑料大棚内环境特点

(一) 大棚内的温度

1. 气温

(1) 气温的日变化：大棚内气温在一昼夜中的变化比外界气温剧烈，存在“逆温”现象。

(2) 气温的季节变化：存在明显的四季变化，但是冬季天数比露地少，春、秋季天数均比露地多。

(3) 棚内的温度分布：大棚内的不同部位存在一定的温差；一般白天大棚南部、中部气温偏高，北部偏低；夜间中部偏高，南北两侧偏低。

2. 地温

大棚内的地温也存在明显的日变化和季节变化，但与气温相比，地温相对稳定，其变化滞后于气温。

（二）大棚内的光照

大棚内的光强与太阳高度、大棚方位、大棚结构和透明覆盖材料等有关。

（三）大棚内的湿度

大棚内空气湿度显著高于露地。

（四）大棚内的气体

1. 二氧化碳：大棚内二氧化碳浓度分布不均，具有明显日变化。

2. 有害气体：大棚中常见的有害气体主要有氨气、二氧化氮、乙烯、氯气等。

五、塑料薄膜大棚内环境的调节

（一）温度的调节

1. 保温：采用隔热性能好的保温覆盖材料；增加保温覆盖的层数；提高设施的气密性；挖防寒沟；正确掌握揭盖草苫的时间；提高地温。

2. 降温：去覆盖物或塑料薄膜；开窗或开门通风；遮光；棚内洒水或喷雾；强制通风。

（二）光的调节

塑料大棚内对光照条件的要求，一是光照充足；二是光照分布均匀。具体措施如下：

1. 改进塑料大棚结构，提高透光率：选择好适宜的建筑场地及方位；设计合理的塑料大棚结构；选择适宜的覆盖材料。

2. 改进管理措施：保持塑料薄膜干净；在保温前提下尽可能早揭晚盖外保温和内保温覆盖物；合理密植；加强植株管理；选用耐弱光品种；地膜覆盖；挂反光幕；采用有色薄膜。

3. 遮光：覆盖各种遮阴物，于塑料薄膜上洒水。

4. 人工补光

（三）湿度的调节

1. 塑料大棚内空气湿度的调节

(1) 降低空气湿度的措施：地面覆盖；通风排湿；加温除湿；改变灌水方式；使用除湿机。

(2) 设施内增加空气湿度的措施：地面洒水；空中喷雾。

2. 塑料大棚内土壤湿度的调节：沟灌；喷壶洒水；喷灌；滴灌；水龙浇水法；地下灌溉。

（四）气体的调节

1. 二氧化碳浓度的调节：增施有机肥；通风换气；施用固体二氧化碳气肥；液态二氧化碳；固态二氧化碳（干冰）；化学反应法。

2. 有害气体的防除：通风换气；施用腐熟的有机肥；少施或不施碳酸氢铵、尿素，采用沟施或穴施，施后立即覆盖土壤；加施适量石灰，防止亚硝酸气体化；选用安全可靠、耐低温、抗老化的专用薄膜；棚室内避免存放旧薄膜；正确使用农药；防止大气污染；防止地热水的污染。

3. 塑料大棚内土壤气体的调控

(1) 特点：氧气少，二氧化碳浓度高。

(2) 调控：松土；施用腐熟有机肥。

（五）土壤环境及其调节控制

1. 花卉对土壤环境的要求：土层疏松深厚；有机质含量高；土壤结构和透气性良好；保水、保肥力强；酸碱度适宜。

2. 塑料大棚内土壤环境的特点：养分残留量高，特别是盐类浓度过高，产生土壤表层盐渍化；营养元素失衡；土壤酸化；病虫害严重。

3. 塑料大棚内土壤环境的调节：平衡施肥；合理灌溉；

增施有机肥；施用秸秆；换土、轮作和无土栽培；土壤消毒。

第三节 花卉栽培的其他设施

一、荫棚

（一）在花卉栽培中的作用

1. 温室半阴性花卉夏季置于荫棚培养；

2. 夏季的嫩枝叶扦插及播种、上盆或分株的花卉的缓苗需在荫棚进行；

3. 一部分露地栽培花卉需设荫棚保护。

（二）荫棚的类型和结构

1. 临时性荫棚：用于放置越夏的温室花卉、露地繁殖及切花栽培。

2. 永久性荫棚：用于温室花卉栽培。

二、冷床与温床

不加温只利用太阳辐射热来保持畦温的叫冷床；除利用太阳辐射热外，还需人为加温保持畦温的叫温床。

（一）冷床与温床的功能

1. 提前播种，提早花期；

2. 促成栽培；

3. 花卉的保护越冬；

4. 扦插。

（二）冷床的构造

冷床的主要形式是阳畦。（图 2—7）

1. 普通阳畦：由畦框、风障、玻璃（薄膜）窗、覆盖物（蒲席、稻草苫）等组成，如抢阳畦和槽子畦。

2. 改良阳畦：由土墙（后墙、山墙）、棚架（柱、檩、柁）、土屋顶、玻璃窗或塑料薄膜棚面、保温覆盖物（蒲席或草帘）等部分组成。

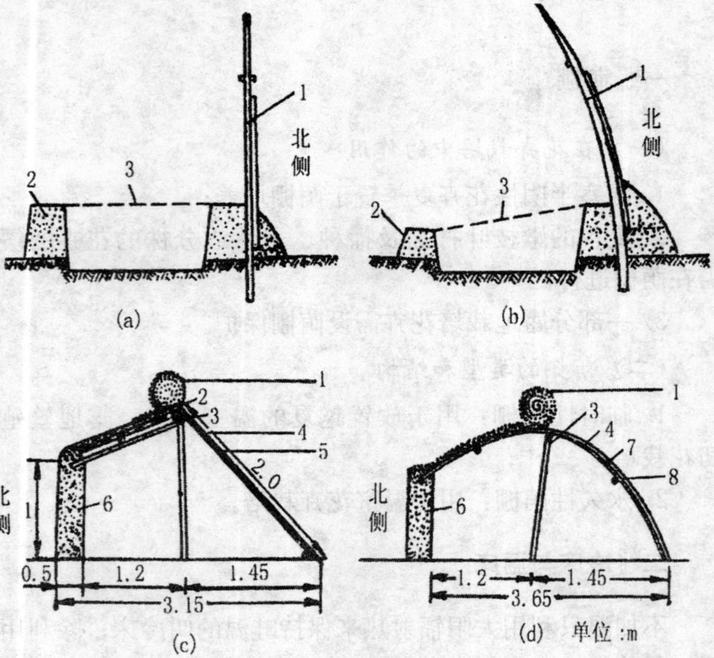

图 2—7　阳畦的构造（注：m 表示米）

（a）槽子畦　（b）抢阳畦　1 风障　2 床框　3 透明覆盖物

（c）玻璃改良阳畦　（d）薄膜改良阳畦

1 草苫　2 土顶　3 柁、檩、柱　4 薄膜　5 窗框　6 土墙　7 拱杆　8 横杆

（三）温床

温床（图 2—8）是利用太阳辐射热和人工补热来维持栽培畦内的温度的苗床。它是由床坑、床框、酿热物（电热）、覆盖物及风障所构成。温床要东西长、南北短，一般长 10 米，宽 1.6～1.8 米，向阳。

电热温床（图 2—9）的特点：生温快，地温高，温度均

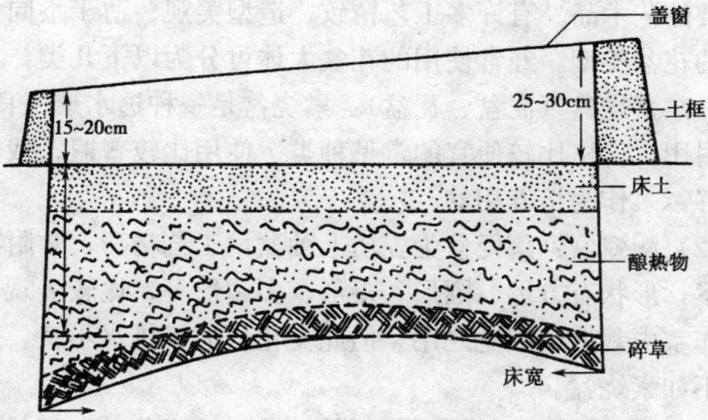

图 2—8 半地下式土框酿热温床剖面（注：cm 表示厘米）

匀，调节灵敏，不受季节限制，外界气温对畦温影响小，自动化控制等优点，可缩短苗龄，易于培育适龄壮苗。

图 2—9 电热温床结构示意图

1 薄膜 2 床土 3 电热线 4 隔热层 5 草苫

电热温床布线注意事项：

1. 电热线的排布不能交叉、重叠和打结；

2. 电热线之间只能并联，不可串联。不能加长、剪短；

3. 电热线只能在土中或水中使用，不可在空气中通电实验或使用；

4. 布线的行数最好为偶数。

（四）常用的器具

1. 花盆

花盆是盆栽不可少的条件，它既是栽花的容器，也可以作为观赏的艺术品。有许多工艺精致、造型美观、适于不同条件栽培的花盆类型。经常使用的花盆大体可分为以下几类：

（1）素烧盆（泥盆、瓦盆）：素烧盆是一种透水透气良好、结实耐用、价格比较便宜的常见种类。使用比较普遍，栽植效果良好，多作为培养用盆。

（2）陶瓷盆：陶瓷盆为瓷质上釉盆，工艺精巧，常附有各种图案，形状有方形、圆形、菱形、多边形等，比较美观，最适于作室内栽培或展览之用。但此类花盆通气排水不良，栽培效果不如素烧盆。

（3）木盆：用木材制成，不易破碎，易于移动，可栽植大株花木，还可以悬空吊挂。

（4）兰盆：一类特殊的花盆，专用于栽植兰花，盆壁有孔，以利排水通气，质地较讲究。

（5）竹、木箱、篓：这是一种取材方便的种植容器，通透性能良好，但不耐久，为繁殖名贵花卉或栽植特大花木所常用。

（6）水养盆：专供水生花卉栽培之用，盆面较大，盆底无孔，多为陶瓷上釉，外形讲究美观精致，可提高观赏效果。

（7）其他废旧容器：常见城乡花卉爱好者，利用废旧盆钵、瓦缸、提桶、包装箱，甚至工业废品中的铁管、电瓶箱壳、铁桶、瓦筒、水泥管等，以栽培花卉，五颜十色，无奇不有。选用时要注意容器的排水措施，或将外形加以修饰、伪装，方为得策，否则效果不佳。

新购花盆，使用前必先置水中浸泡数日，待吸足水再行冲洗、使用，则效果更加理想。原已种植过的旧盆，在重新使用前应洗刷干净，以防病虫的传染。

2. 常用工具

主要有浇水壶、喷雾器、剪刀、移植铲、嫁接刀等，这里就不再详说。

第三章

花卉的繁殖

繁殖是可以延续后代的一种自然现象。生产者繁殖花卉可以保留品种，满足扩大生产及经营活动的需要，研究工作者可保留种质资源，进行选种、育种。花卉种类繁多，来源广泛，所以繁殖方式也较复杂，归纳起来分为有性繁殖、无性繁殖、单性繁殖（孢子繁殖、组织培养）三种。

一、有性繁殖

花木通过其种子繁衍后代的方法，叫有性繁殖，也称为种子繁殖。即播下种子，获得种子实生苗。优点是可以在较小的面积上，经过较短的时间，获得较多的植株。方法简易，成本低，适合大规模专业生产运输。符合植株自然生长发育规律，根系完整，生长健壮。缺点是从播种到收种子时间长及异花授粉的花卉容易产生变异，不易保持原品种的优良特性。所以有性繁殖要采用科学的方法，通过精心的管理才能得到性状优良、遗传品质好的花卉种子。人们往往通过有性繁殖，杂交培育新品种。

（一）种子的采收与贮藏

要想获得优良的后代，必须选用优良的种子。优良种子应当是发育充实，粒大而生命力高，有较高的发芽率和发芽势。种子高纯度无杂种、无杂质、无病菌虫卵，或经处理无病菌虫卵。要取得良种，在引进花种时要进行种子质量检验，及来源鉴定。繁殖良种要从选择良种母株开始。专门用于采种的植株叫采种母株，其基本要求是品种纯正，发育优良，生长健壮，无病虫害。采种母株要及早确定，加强肥水管理，促进壮株，必要时疏花疏果。有些授粉困难的花卉可考虑人工辅助授粉。有些人工授粉后为保持种子纯度还要套袋保护，防治病虫害。不同花卉品种的种子成熟特征和成熟期不同，一般在种子成熟期采种。不同品种因着生部位不同需要掌握花粉籽粒成熟特征，经常观察成熟情况，及时采收。如鸡冠花、金鱼草种子成熟特征为黑色，一串红、凤仙花等为深褐色。有些种子熟后易飞散或自行脱落，须提前采收。有些种子过了成熟期采摘也可。有些品种如百日红、万寿菊等的种子可等整株种子大部成熟时连株收割，晾干后采收种子。一般同株上的种子以主杆或主枝上的种子为好。采种一般宜在晴天早晨进行，种子不易开裂且又利于晾晒。要依据不同品种、颜色、株高、花期分别采收，注明并写好采收日期。多数花卉种子不宜在阳光下暴晒，且要常翻动。要及时脱粒，过筛或用簸箕清除果翅、果皮、果梗及其他杂质。种子要单收、单处理、单独保存贮藏。种子袋内外各放一标签，标明花卉品种、采种地点、采种人、采种时间等。为保持种子发芽势、发芽率及寿命，最好干燥密封，置于干燥、低温（1℃～5℃条件）通风处，以减少种子生理活动，延长种子寿命和保持较高的生命力。种子贮藏的原则是使种子的新陈代谢处于最微弱的状态。其外界影响因素主要有湿度、温度、空气。所以在不影响种子生命力的条件下，种子含水量应低一些，这即是所谓种子贮存的标准含水量。不同的品种，标准含水量不同。一般贮藏种子温度应在15℃以下，适宜温度为0℃～5℃，空气流通为宜。

（二）种子处理与播种

一些花卉种子播后萌发困难或发芽不整齐，常采取浸种、剥壳、机械脱壳、化学处理及沙藏等方法促使其发芽生根。浸种常用于一些硬皮壳发芽慢、不整齐的种子，可在播前一天用冷水或温水（50℃左右）浸种 24 小时后进行播种，使其迅速发芽。如仙客来种子可用此法。而荷花、美人蕉等，种皮坚硬，不易吸水，难发芽，可采用刻伤种皮的方法处理，如用锉刀磨破部分种皮，而后用温水浸种，播后很快发芽。芍药、牡丹、鸢尾等花卉种子采后即播困难，可在秋后以湿沙堆藏，层积沙蔽。具体做法是 10 厘米河沙一层种子，可多层反复。沙土含水量大约 15%，温度在 0℃～5℃，第二年春季在播前一个月取出，但要注意防老鼠偷吃。播种前要先选好种子，首先看种子年限，超过保存年限的种子不能播种。在播种前做发芽试验，用百粒种子浸种后放在几层湿纱布上，保持湿度，20℃条件下观察发芽率。为了防止花卉幼苗染病，常在播种前对种子进行消毒。用 1 升的福尔马林浸种 15 分钟，或 1%硫酸铜浸种 30 分钟。也可用福美双、多菌灵拌种，1 斤加 20 克农药。

花卉的播种时间依不同种类花卉的生物学特性、当地的环境条件及栽培目的而定。适时播种是保证花卉生产质量的重要条件。一般一年生露地草花，多在春季（气温达到 15℃～25℃时）播种。需要提早应用的花苗可于早春 2～3 月在冷床或小塑料棚中播种。露地二年生花卉耐寒性稍强，生长期间喜凉爽，忌炎热，多赶在夏初前开花，一般在秋季播种，即北方 8 月中旬至 9 月上、中旬间露地苗床播种。南方则于 9 月中、下旬至 10 月上旬播种。像桃花、梅花、榆叶梅等这些露地木本花卉及松科观赏植物发芽较困难，在 10 月下旬至 4 月上旬经自然沙藏一冬，来年可较好地出苗。其他木本花卉春播也是尽量早些播种。在温室或荫棚播种的热带和亚热带常绿花卉，无论是草本还是木本，在高温度中一年四季均可播种，主要依据是用花时间。

露地播种或温室播种常采用的方法有撒播、点播和条播等，直接地播种花卉，要注意翻地施用腐熟的有机肥、灌水、打埂做畦、平地。播种深度以不超过种子直径的2～3倍为宜。大粒种子2～3厘米，中小粒种子1～3厘米。极细小种子使其与土壤紧密结合即可，不再覆土。像仙客来、君子兰等种子较大可用点播法，间距2～5厘米。而凤仙花、麦秆菊等小粒种子在苗床内沟播8～10厘米行距。中粒种子常开沟撒播。细小种子在撒播时，注意把地整疏松且平整，可用细砂2～3倍与种子混匀撒播，再用钉耙纵横轻耙一遍，适当镇压。温室直播注意土壤晾晒消毒。盆播多在温室或荫棚下进行，多用大瓦盆或其他育苗容器，用木箱易发霉染病。盆土多用长时间曝晒过的旧盆土过筛后装盆，一般在瓦盆下铺2～3厘米干净豆石或碎炉渣作排水层，然后装土。大、中粒种子依据实际情况确定密度逐粒按入土中，深度为种子直径的2～3倍，喷壶浇水。细小种子撒播可用细筛筛一薄土层覆盖或不覆盖，浇水是从下往上渗水，即把播种花盆浸入一个水盆中，直到浸水至表土湿润为止取出，上盖一白纸或玻璃，置高温温室内见光处，中午可打开玻璃一侧通气，保持出苗前表土不干，苗齐后打开覆盖物，要逐渐增加光照。间苗前盆土发干可再浸水，小苗长出2～3片真叶后即可移植。移植无论是裸根或带土，均应迅速，以防小根萎蔫影响成活，注意遮荫。

二、无性繁殖

无性繁殖是利用植物营养体的再生能力在人工辅助下的繁殖方法，也称营养繁殖。花卉常见的无性繁殖方法有分生、扦插、压条、嫁接等，其特点是能保持母本的优良性状，且生长周期短，开花结实早等，缺点是有些花卉长势及生命力不及实生苗。

（一）分生繁殖

分生繁殖是指从母本分离出小植株或同形球根另行栽植成

新株的繁殖方法。

1. 分株法（图 3—1）

此种成苗方法，是用母本发出的根蘖、茎蘖、根茎等进行分割栽种。常绿花木没有明显休眠期，但冬季大多停止生长进入半休眠状态，可在春暖之前进行分株，北方多在花木移出温室之前或出温室后立即分株。落叶花木则在其休眠期进行，北方多在春季土壤化冻、株体未萌芽前进行分株，而南方多在秋季落叶后进行。分株方法是落叶花木在分株前将母株丛从花圃中挖出，多带须根，用刀或斧头将其劈成几丛，每丛 2～5 个枝芽和较多根系。也可在伤口处涂以草木灰或硫磺粉消毒，荫凉两天后栽植，如鹤望兰、芍药、君子兰等。那些分蘖力很强的花灌木和藤本植物，只需从母株周围挖出分蘖苗另行栽植即可。盆栽花卉的分株常应用在多年生草花，结合春季换盆时进行。将母株从盆内脱出，抖落泥土，理顺根，用刀把蘖苗连同根系一起分出，分割出后立即栽植，浇水，整枝在荫棚下养护。多浆植物中的芦荟、景天等在根际处常生吸芽，凤梨的地上茎叶腋间也生吸芽，可自母株分离而另行栽植，落地生根后叶子边缘常生出很多带根的无性芽，可摘取进行繁殖。

图 3—1　分株法

2. 分球法（图 3—2）

此种方法比播种繁殖开花早，方法简便。具有地下茎（美人蕉、鸢尾等）、球茎（唐菖蒲、小苍兰等）、鳞茎（郁金香、百合、水仙等）、块茎（仙客来、马蹄莲等）、块根（大丽花等）自然分离后另行栽植，可长成独立株体。分球时间是春秋两季。在挖球之后，将基部萌出的小球摘下，大小球分别贮藏。栽植深度约是球高的2～3倍。沙质土宜深些，黏质土宜浅些，芽眼向上。根茎类还可按其上面的芽数分割数段栽植。

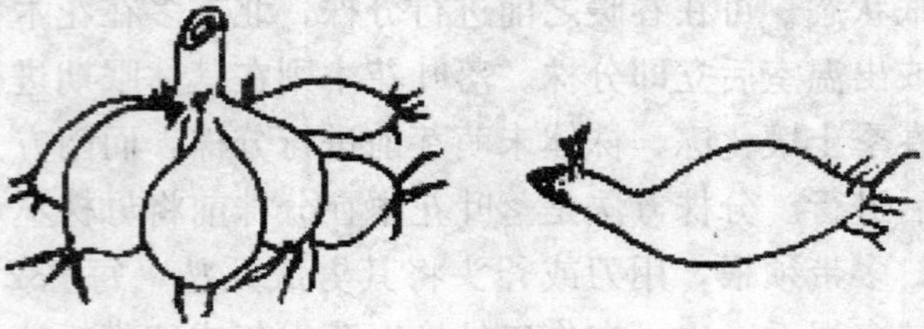

图3—2　分球法

（二）扦插繁殖

植物营养器官具有再生能力，能发出不定芽或不定根。利用此习性，切取其茎、叶、根的一部分，插入土中、沙中或其他基质中，使之生根发芽，构成新的完整的植株体。此种方法培养植株比播种苗生长快，开花时间早，可在短时间内繁殖大量幼苗，并保持原种的特性，但无主根，寿命短。近年来发展出水插法和气插法，省工省时。根据插穗材料、扦插条件、扦插时间及扦插目的不同，可分为多种扦插方法。

1. 按插穗材料分为：枝插、叶插、叶芽插、根插

（1）枝插（图3—3）：是指用花木枝条作为繁殖材料进行扦插的方法，此法应用较普遍。枝插又分许多种，如用木本植物未完全木质化的绿色嫩枝作为材料，或用草本花卉、仙人掌及多肉质植物在生长旺季进行扦插，称软枝扦插或嫩枝扦插。而用木本植物已经充分木质化的老枝作为材料，多在休眠期进行扦插，称硬枝扦插，或称老枝扦插。用较幼嫩还未伸长的芽作为材料进行扦插称芽插。嫩枝扦插一般是剪取当年生发育充实的半木质化枝条6～10厘米，保留2～3个节，上端留2～3片小叶，剪口宜在节下，扦插深度占总枝长度的三分之一，随剪

随插成活率高。插不完时用湿布包好，来日再插。嫩枝扦插可把插穗捆成小捆，入水三分之一，每两天换一次水，在荫棚下养护。南方常把插穗插入竹篦子孔洞中，漂浮在池塘水上成活率高。硬枝扦插南方多在秋季，利于提早生根发芽。北方地区宜在春季天气转暖后进行，选用一、二年生充分木质化的枝条，长 15～20 厘米，带 3～4 个节，剪去叶片，插入苗床。北方多于深秋剪插条，捆成捆埋在湿沙中，放在低温温室内越冬，第二年春季露地扦插。

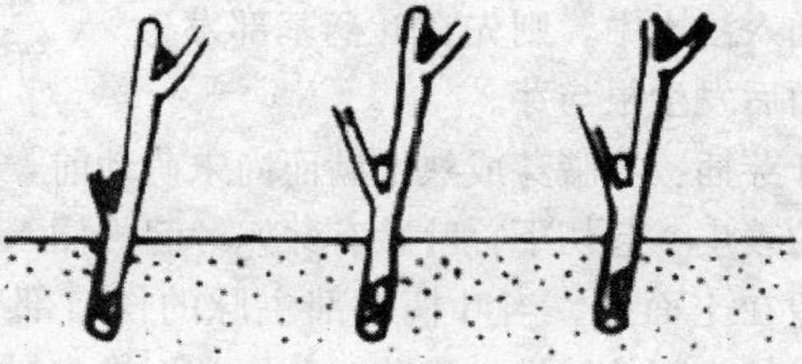

硬枝扦插

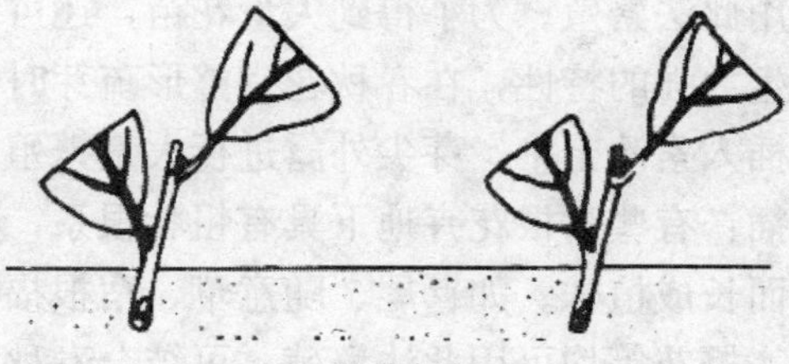

嫩枝扦插

图 3—3 枝插

（2）叶插（图 3－4）：利用叶脉的伤口部分产生愈伤组织，然后萌发不定根、不定芽，进而形成新的植株。凡能进行叶插的花卉植物，大都是有粗壮的叶柄、叶脉或肥厚叶片的多年生草花，如景天科和龙舌兰科的多肉植物及个别常绿花卉。常用的叶插法有如下两种：

平置法：又称全叶插。切去叶柄，叶片平铺在干净湿润的沙土地面上，用竹针固定或用小块厚玻璃压在叶片几个部位上，使其全叶脉与沙面贴紧，保持较高的空气湿度，约一个月幼苗从叶脉伤口处萌发出来。如秋海棠，自叶基部或叶脉处发生小芽。

直插法：将叶片切成小段（如虎皮兰），每段长 4～6 厘米，浅插于素沙土中，经过一段时间后可见从基部萌发须根，进而长出地下茎，根状茎顶芽长出新植株。

叶柄插（如大岩桐）将它的叶片带 3 厘米长叶柄插入沙土中，则先在叶柄基部发生小球茎，而后发生根与芽。

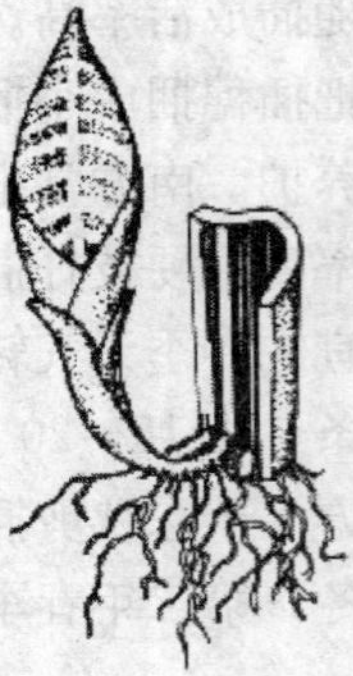

图 3—4　叶插

(3) 叶芽插：在腋芽成熟饱满而尚未萌动前，将一片叶子连同茎部的表皮一起切下，叶腋有芽，一起再插入基质中，腋芽和叶片留在土面外。当叶柄基部主脉的伤口部分发生新根后，腋芽成长为新的植株。菊花、秋海棠、橡皮树、山茶、八仙花等均可用此法繁殖。为了得到大量花苗，还可利用一些花卉的腋芽再生力强的特性，在春秋花卉整形疏芽时，把多余的芽挖下逐个插入素沙土中，芽尖外露进行大量繁殖。

(4) 根插：有些宿根花卉地下具有粗壮根系，其根部容易发生不定芽而长成植株。如鸢尾、随意草、宿根福禄考及贴梗海棠、紫藤、樱花等均可用此法繁殖，可结合春秋移栽或分株时进行。一般做法是剪根 5～10 厘米，粗根斜插入基质，细根平埋约 1 厘米土。根插要求浅插即可，所以要常保持表土湿润，需见全光，提高土温。

2. 按扦插季节分为：春插、夏插、秋插和冬插

(1) 春插：在春季进行的扦插。主要用老枝或休眠枝作材料，适于各种花卉，应用普遍。此插条可用冬季贮存的枝条。

(2) 夏插：于夏季梅雨季节进行的扦插。空气湿润，气温合适，用当年生绿枝或半绿枝扦插。特别适用于要求高温的常绿阔叶树种。

（3）秋插：在 9～10 月份进行。用充分发育成熟的枝条，生命力强，具一定的耐腐力，入冬前生长量不大，为第二年生长打基础。多用于多年生草本花卉。

（4）冬插：于冬季温室内或大棚内进行。北方冬季在大棚中扦插，也有较高的成活率，但生根较慢。插条在进行扦插时常用吲哚乙酸、吲哚丁酸、萘乙酸等进行处理，其应用浓度，作用时间，搭配方法，常因花卉种类而异，草花常用浓度为 5～10 毫克/升的水溶液。木本花卉适宜的浓度为 20～40 毫克/升。一般是浸泡 24 小时后扦插。扦插基质常用日晒消毒或 0.1%高锰酸钾溶液消毒。扦插后盖塑料薄膜保持温、湿度，防日光直晒。注意每天打开塑料薄膜 1～2 次补充氧气，扦穗长出 2～3 厘米即可移植。目前较先进的方法全光雾插正向自动化、大型化方向发展。

（三）压条繁殖

一些茎节和茎节间容易发根的木本花卉和一些扦插不容易发根的木本花卉常采用压条的方法进行繁殖。优点是成活率高，成苗快，开花早，不需特殊管理。主要的方法是，在母株的枝条上刻伤，然后埋入土中，促使伤口处发生新根，然后剪离母株另行栽植。北方多在春季进行，利于入冬前长好根系。在中高温温室中冬季也可进行。压条方法一般分为普通压条法、壅土压条法和高枝压条法。

1. 普通压条法（图 3－5）：将母株基部 1～2 年生枝条下部弯曲，并用刀刻伤埋入土中 10～20 厘米，枝条上端露出地面。埋入部分用木钩钩住或石块压住。灌木类还可在母株一侧挖一条沟，把近地面的枝条节部多部位刻伤埋入土中，各节部可生根发苗。藤本蔓生的花卉可将枝条波浪状埋入土中，部分露出部分入土。生根发芽后可剪断枝条，生出多个新植株来。普通压条的花卉很多，如：连翘、石榴、桅子、腊梅、迎春等。

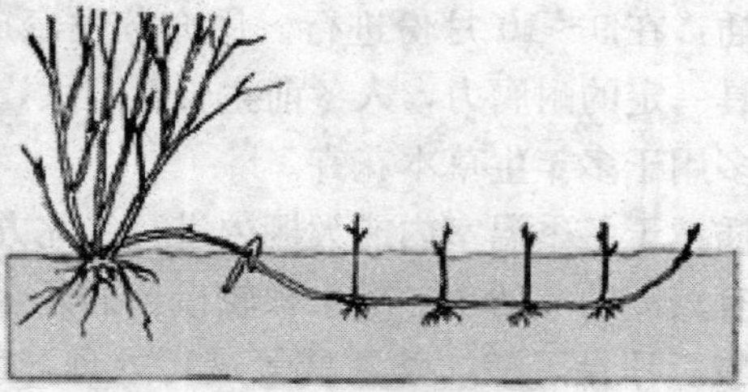

水平压条

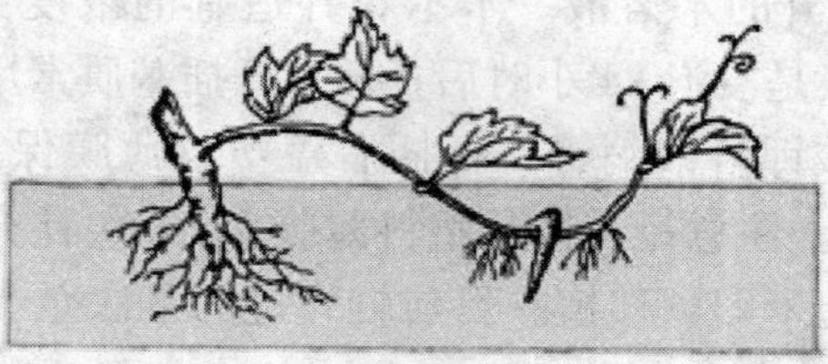

波状压条

图 3—5 普通压条法

2. 壅土压条法（图 3—6）：有些花木能在根部发生萌蘖，只要在母株基部培土，枝条不需压弯即可使其长出新根。如木兰、牡丹、柳杉、黄刺梅、金银木、海桐、八仙花等均可。为使母株多分枝，可在其休眠期截去主干，待新枝条长至 20 厘米时则在母株基部培以肥土并灌水。时间多在夏初的生长旺季。也可在距地面 20～30 厘米处环割然后壅土，保持土壤湿润，来年逐个剪断与母株的连结，然后分苗定植。

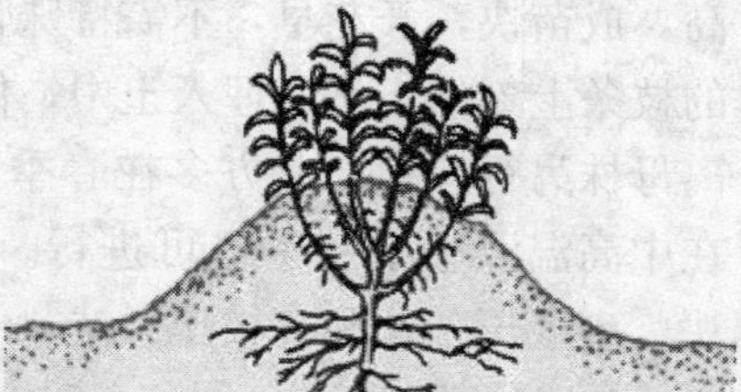

图 3—6 壅土压条法

3. 高枝压条法（图 3—7）：有些花木较高大、枝条不易弯曲且发根困难，采用此法。像白玉兰、广玉兰、米兰、含笑、变叶木、叶子花、山茶、金橘、杜鹃等。在生长旺季，用二年生发育完好的枝条，适当部位环状剥皮或用刀切刻，然后用竹筒或塑料袋装上泥炭土、苔藓、培养土等包在剥刻部位，常供水保持湿润，待生根前切离母株，带土去包装植入盆中，放在疏荫下养护。

图 3－7　高枝压条

为促进压条生根，经常在枝条被压部位采取刻痕法、去皮法、缩缚法或拧枝法处理，使茎较快生根。刻痕法是在压条的下部纵横切一深缝。去皮法是在压条的下方剥去一块皮，也可环状剥皮。缩缚法是用铅丝紧绕在被压部位，使其成缩痕。拧枝法是把被压部位扭转或弯曲后压在土中。在操作中常在伤口处涂抹一些生长激素促其生根。

（四）嫁接繁殖

嫁接是将一植物体的枝或芽，移接到另一带根的植物上，使二者接合成一新的个体，并继续生长下去的繁殖方法。被接的枝、芽叫做接穗，承受接穗的植株叫砧木。常在扦插不易成活或生长发育较慢的优良品种上应用。此法成苗，保持原品种特性。很多嫁接是用野生植物作砧木，可提高苗木的抗性。生产上常用的嫁接方法主要有枝接、芽接、根接三种。

1. 枝接（图 3－8）：枝接是用植株的枝条作接穗进行嫁接。枝接种类又分切接、劈接、靠接、插接、舌接等几种。现简要介绍几种枝接方法。

(1) 切接：多用于露地木本花卉。在春季芽刚萌动而新梢尚未抽出时进行，成活率高。一般选一年生枝条剪成 6～10 厘米接穗，有两个以上腋芽，然后用切接刀在接穗上削出两个对称斜面，一面长 1 厘米，另一面长 2 厘米。砧木在距地面 20

厘米处剪短，将接穗粗细在砧木北侧切一深 2.5 厘米左右裂缝，将接穗长的削面向里插入砧木切口内，形成层对齐，用塑料条绑紧。幼嫩接穗可套一小塑料袋，新梢长出后去掉。

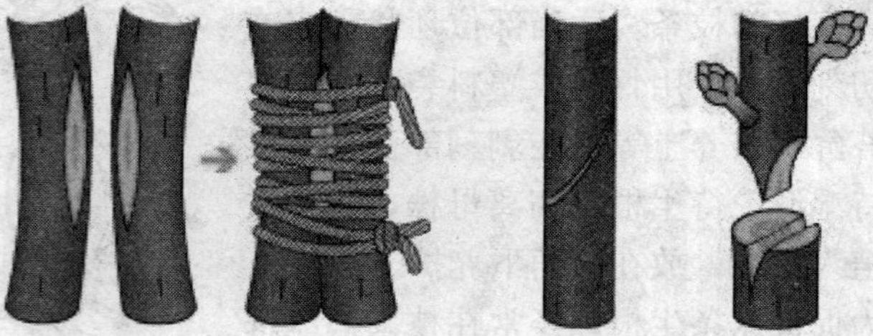

1　　　　　2　　3

图 3—8　枝接

1 靠接　2 舌接　3 劈接

（2）劈接：多在大型母株作砧木时使用。落叶花木劈接时间与切接相同。常绿花木多在立秋后进行。此法与切接相似，只是砧木截面上的接口直对于截面的中央，而切接只是在一侧。所以劈接接穗两侧削面长短一致。常在劈口两端备接一接穗，对好形成层，绑紧，用塑料带将接口封好。

（3）靠接：一些常绿木本花卉扦插困难，其他嫁接方法也不易成活时，常用靠接。如用女贞作砧木靠接桂花，木兰作砧木靠接白兰等，在春至秋季均可进行，但最好不在雨季和伏天进行。选两株粗细相近的花木，在接穗的部位削出梭形切口，长约 3～5 厘米，深至木质部，另一株在相同部位相对应处削出切口，然后使两株形成层对齐，用塑料条扎紧，2～3 个月后愈合，剪断接口下的接穗和接口上的砧木即成。

2. 芽接：方法简便，成活率高。芽接是在接穗上剥取一个芽，嫁接在砧木上，由接芽发育成一个新植株。一年生苗即可嫁接，一般 6～9 月进行，北方多在 8 月中下旬。芽接分“T”字形接法和嵌芽接法。

（1）“T”字形芽接法（图 3—9）此法在园林苗圃中应用

广泛，适用于1～2年生小砧木，或大砧木的当年枝上应用。老树皮难成活，嫁接前采带叶且生长旺盛、发育充实的当年新枝，剪去叶片但留1厘米长的叶柄，用湿布包好，放在荫凉处。在砧木4～5厘米处嫁接。选光滑无疤的部位切一个“T”形口，横刀宽约为砧木粗的一半，纵刀口长约2厘米，深至木质部。选饱满芽用芽接刀由上而下取盾形芽片，即芽上0.5厘米处横切，另一刀在芽下1厘米处深至木质部向上削至横切刀口处，取下芽片，少留木质部。芽片长2厘米，宽1厘米，芽和叶柄在中间。撬开砧木“T”字口，芽片上切口与“T”字上切口对齐，埋入“T”口皮中，用塑料带由下而上圈压包严，露出芽和叶柄，10天左右手触叶柄不落，芽萎蔫，嫁接失败。一触即落说明成活。接口清洁，操作迅速，可提高成活率。此法操作简便，成活率高。

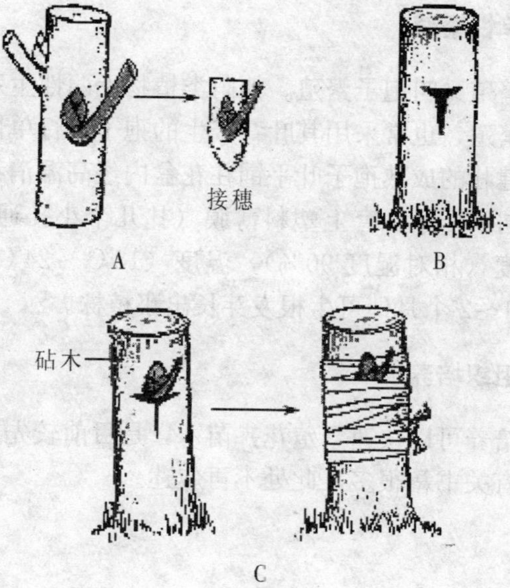

图3—9 “T”字形芽接法

(2) 嵌芽接：此法是用带木质部的芽片嵌在砧木上，故称“嵌芽接”，多适用于小砧木。从春到秋都可进行。春接时取上年生的枝条。从上而下削一盾形薄斜面，约2厘米，接着在刀口下部再向上削一刀使其能取下一小块（2厘米长）的盾形芽，带少许木质部。同样在砧木上削一个盾形刀口，使二者能相吻合，对准形成层，绑紧，这样即使是夏季，树皮难剥离也能嫁接。

3. 根接：用根作砧木采用劈接、切接等方法进行嫁接，如用芍药根接牡丹，于秋分前后把芍药地上部的根茎剪除，将接穗下部中间切一个口，深2厘米，根的上部左右各削一刀成楔形插入接穗下部劈口中，然后埋入土中，来年发芽。此法适用于牡丹、玉兰、月季、大丽菊等花木。多在冬季和早春植物休眠期进行。

三、单性繁殖

单性繁殖又叫孢子繁殖。如蕨类植物无两性生殖器官，既可用分株繁殖，也常采用其叶背产生的孢子进行单性繁殖。选叶面生长健壮的成熟孢子叶平铺在花盆内经高温消毒的培养土上，孢子向下压紧，套上塑料薄膜（扎几个小孔通气用），保持盆土湿度（相对湿度90%），温度（18℃～24℃），放置荫蔽处，经1～2个月即可生根发芽长出小植株。

四、组织培养

组织培养可以快速繁殖花卉苗木，是目前较先进的植物繁殖技术，有关书籍很多，此处不再叙述。

第四章

花卉设施栽培的管理

第一节 花卉的播种育苗

一、播种期的确定

播种是育苗工作的主要环节，播种时期影响苗木的生长时间和出圃年限。适宜的播种时期可使种子提早发芽，提高发芽率；使出苗整齐，苗木生长健壮；使苗木的抗旱抗寒抗病能力强；并可节省土地和人力。

播种期确定要根据植物的生物学特性和气候条件。总原则是：适时、适地和适宜的植物。

适地即根据土壤的性质，沙土播种期可以早些，黏土播种期可以晚些。

适时就是根据植物的生物学特性确定适宜的播期。

适宜的植物就是根据植物的生物学特性选择适宜的播种期。播种时期主要有如下几种：

（一）春播

春播是种苗生产应用最广泛的季节，一般在 3～4 月份为宜。其优点为：

1. 从播种到出苗的时间短，可以减少圃地的管理次数。

2. 春季土壤湿润、不板结，气温适宜，利于种子萌发，出苗整齐。

3. 幼苗出土后温度逐渐增高，可以避免低温和霜冻的危害。

4. 较少鸟、兽、病、虫危害，一年生草本花卉、沙藏的木本花卉均可在春季播种。

（二）秋播

多数二年生、多年生植物和园林树种都可在秋季播种，一些球根花卉也可在秋季播种。一般在 9～10 月份。秋播的优点：

1. 可使种子在苗圃地中通过休眠期，完成播前的催芽阶段。

2. 幼苗出土早而整齐，幼苗健壮，成苗率高。

3. 增强苗木的抗寒能力。

4. 减免了种子贮藏和催芽处理。

5. 缓解了春季作业繁忙和劳动力紧张的矛盾。

适宜秋播的植物有：休眠期长的植物如红松、水曲柳、白蜡、椴树等；种皮坚硬或大粒种子：栎类、核桃、板栗、文冠果、山桃、山杏、榆叶梅等；二年生草本花卉和球根花卉较耐寒，可以在低温下萌发、越冬生长，如郁金香、三色堇等。

（三）夏播

在夏秋成熟而又不耐贮藏的种子，如杨柳、桑桦等，要随采随播。最好在雨后播种或播前浇透水，利于发芽，播后要保持土壤湿润，降低地表温度。夏播尽量提早，以使苗木在冬前充分木质化，以利安全越冬。

（四）冬播

冬播实际上是春播的提早、秋播的延续。在温室内一年四季都可播种。

二、播种密度与合理密植

1. 播种密度是单位面积（或单位长度）上苗木的数量。合理密植是在单位面积上有足够的基本苗，在该密度下，植株的通风透光要良好，有利于植株的健康生长和发育。密度过大和密度过小都不利于提高苗木的产量和质量。

2. 确定合理的密度。首先应根据花卉的生物学特性，生长快冠幅大密度宜小，如山桃、泡桐、枫杨等。反之宜大。对于播种后、第二年要移植的树种可以密些。

第二节 花卉的栽培管理技术

一、花卉种子处理技术

种子清选和种子处理是实现花卉的工厂化育苗的关键性技术之一，清选是为清除种子中的夹杂物，如鳞片、果皮、果柄、枝叶、碎片、瘪粒、病粒、土粒、其他种类的种子等，以便于播种的顺利进行。一般少量种子可用手选。种子量比较多时可用风选、筛选和水选。

1. 风选：适用于中小粒种子，利用风、簸箕或簸扬机净种。少量种子可用簸箕扬去杂物。

2. 筛选：用不同大小孔径的筛子，将大于小于种子的夹杂物除去，再用其他方法将与种子大小等同的杂物除去。筛选可以清除一部分小粒的杂质，还可以用不同筛孔的筛子把不同大小的种粒分级。由于种子的大小不同，种子的发芽出苗能力不同，幼苗的生长势也就不同。种子分级播种，即把大小一致的种子分别播种，可保证花卉的幼苗发芽出苗整齐，生长势一致，便于管理。实践证明，在同一来源的种子中，种子粒越大越重者，幼苗越健壮，苗木的素质越好。将同级的种子进行播种，出苗的速度整齐一致，苗木的生长发育均匀，分化现象少，不合格率降低，对生产的意义很大。分级工作通常与净种同时进行，亦可采用风选、筛选及粒选等方法进行。

3. 水选：一般使用于大而重的种子，如栎类、豆科植物的种子。利用水的浮力，使杂物及空瘪种子漂出，饱满的种子留于下面。水选一般用盐水或黄泥水，把漂浮在上面的瘪粒和杂质捞出。水选后可进行浸种，但不能曝晒，要荫干。水选的时间不宜过长。

二、种子消毒

种子消毒常用杀菌剂、杀虫剂及杀菌与杀虫混剂进行处理。

（一）种子消毒的作用

种子消毒可以防治系统性病害的传播流行；预防烂种和秧苗枯萎病；促进发芽；预防贮藏性病害；防治土传性病害等。

其目的在于提高种子发芽率，出苗整齐，促苗生长，缩短育苗期限，提高苗木的产量和质量。

（二）种子消毒的方法

1. 物理消毒法：种子物理消毒的方法有如日光曝晒、紫外光照射、温汤浸种等。

日光曝晒仅适于那些在日光曝晒下不易丧失发芽率的花卉种子。温汤浸种一般水温为40℃～45℃左右，浸种1天。该方法适于黑松、侧柏、苦楝、油松、落叶松等。

2. 化学消毒法：为了防治种传病、虫害，化学消毒是十分必要的。目前用于花卉及林木浸种处理的化学药剂有：氰胍甲汞、醋酸甲氧乙汞、福尔马林、高锰酸钾、多菌灵、福美双、硫酸亚铁、硫酸铜、退菌特等。药剂浸种可以处理花卉林木的种子、球茎及根系等，对防治种传、土传病害和系统性病害有良好的效果。该法的优点是无粉尘，药剂与种子的接触面广，药效好。其不足为药剂的蒸汽有毒，需要专门的防毒面具和专用设备。浸种后要把种子贮藏于密封的仓库或房间中24小时后才能播种，且浸种后需要干燥。下面介绍各种药剂的使用方法。

（1）硫酸铜、高锰酸钾溶液浸种：①0.31%硫酸铜浸种46小时；②0.5%高锰酸钾浸种2小时。以上方法适于针叶树种和阔叶树种及多数园林植物的种子处理。

（2）甲醛浸种：0.15%甲醛，在播前1～2天浸种15分钟，取出种子密闭贮藏2小时，摊开荫干即可。注意甲醛对人有毒，使用时要注意防护。

（3）药剂拌种：①甲基托布津（别名为甲基硫菌灵）：50%或70%的可湿性粉剂拌种，可防治苗期病害，如金盏菊、瓜叶菊、凤仙花的白粉病；樱草灰霉病；兰花、万年青的炭疽病；鸡冠花褐斑病；百日草黑斑病等。注意：甲基托布津长期连续使用，病原菌会产生抗药性，降低防治效果，可以与其他药剂轮换使用，但不能与多菌灵轮换使用。拌种时可以用聚乙烯醇作黏着剂，用200倍液，用量为种子量的0.7%。②辛硫磷：防治地下害虫，可以用50%的乳油拌种，用种子量的0.1%～0.15%。③五氯硝基苯混剂施于土壤或拌种：五氯硝基苯与敌克松按3∶1的比例，在播种前施于土壤2～6克/平方米，或敌克松用种子量的0.2%～0.5%拌种，可防治立枯病（如松柏类植物等）。④赛力散（过磷酸乙基汞）拌种：在播前20天进行，2克/千克种子，拌种后密封贮藏20天后播种，有消毒和防护作用。适于针叶树种。⑤西力生（氯化乙基汞）拌种：用1～2克/千克种子，适于松柏类种子消毒，并且有促进发芽的作用。⑥其他如多菌灵、福美双等拌种。

（三）种子的休眠

有些植物的种子虽具有生命力，但并不是随时都可以发芽，即使外部环境条件适宜，仍不能萌发，这种由于种子内在的原因不能萌发的现象，叫休眠。要想让种子萌发，必须打破休眠，首要的应该找到导致休眠的原因，才能对症下药。导致休眠的原因大致有：种皮效应、存在抑制发芽物质和胚尚未完成后熟等。

（四）种子催芽

种子催芽是解除种子休眠和促进种子发芽的措施，通过催芽解除种子休眠，使种子适时出土，出土整齐，提高发芽率和提高成苗率，减少播量，提高苗木的产量和质量。

种子催芽的方法有以下几种：

1. 机械擦伤：主要用于种（果）皮不透水、不透气的硬实，通过擦伤种皮处理，改变了种皮的物理性质，增加种皮的透性。常用的工具有：锉刀、锤子、砂纸、石磙等。

2. 酸碱腐蚀处理：酸碱腐蚀是常用的增加种皮透性的化学方法。把具有坚硬种壳的种子浸在有腐蚀性的酸碱溶液中，经过短时间处理，可使种壳变薄增加透性。常用 98%的浓硫酸和氢氧化钠。处理时间是关键，处理得当的种子的表皮为暗淡无光，但又无凸凹不平。98%的硫酸浸泡 10～120 分钟，少数种类可以浸泡 6 小时以上；用 10%氢氧化钠浸泡 24 小时左右。浸泡后必须要用清水冲洗干净，以防对种胚萌发产生影响。

3. 浸种催芽：浸种的关键技术首先为水温，可以根据种皮的厚薄、种子的含水量高低确定水温，硬实可采用逐次增温浸种的方法。种子和水的比例以 1∶3 为宜；浸种时间，根据种子大小、内含物而定。

4. 层积催芽：层积催芽即在一定的时间里，把种子与湿润物混合或分层放置，促使其达到发芽程度的方法。

第三节　花卉的土壤处理技术

土壤是花卉生长发育的环境条件之一，根系在土壤中舒展延伸，只要土层深厚，排水透气，酸碱度适宜，并有一定的肥力，就能正常生长和开花。由于花卉的生长发育所要求的环境条件不同，包括对土壤的理化特性的要求也因花卉的种类而异。因此，土壤处理技术是花卉栽培成功与否的关键。一般盆栽花卉根系被局限在花盆里，依靠有限的土壤来供应养分和水分，维持生长和发育的需要。因此，对土壤的要求就更加严格。

一、花卉对土壤的基本要求

花卉的种类很多，与其生长发育相适应土壤的特性也有很大的差别。一般而言，多数花卉要求土壤富含腐殖质，土壤疏松肥沃，排水良好，透气性强。绝大多数露地花卉要求土壤的 pH 值在 7.0 左右，而温室花卉则要求酸性土壤。

（一）花卉要求的土壤特性

1. 团粒结构良好。排水透气团粒结构是土壤中的腐殖质与矿物质粘结所成的 0.01～5 毫米大小的团粒。团粒内部有毛管孔隙，可蓄水保肥，团粒之间又有较大的孔隙，可以排水透气，浇水或雨后不板结。团粒结构不良的土壤，多为黏重、板结、排水不畅，栽培花卉容易导致花卉根系腐烂，叶片发黄，甚至干枯死亡。

2. 腐殖质丰富，肥效持久。腐殖质是动植物残体及排泄物经腐烂后形成的有机物。腐殖质含量丰富，有效态营养元素的含量丰富，利于花卉根系的吸收。增加土壤的腐殖质的方法，主要依靠增加充分腐熟的有机肥。

3. 酸碱度（pH 值）要适宜。一般大多数露地花卉要求中性土壤，而大多数温室花卉要求酸性土壤。植物对环境中酸碱性的适应性是由植物的根系特性决定的。根据植物根系对环境酸碱性的适应性将其分为：酸性土植物；弱酸性土植物；近中性（偏酸性）土植物；弱碱性土植物。土壤的酸碱度通常可以用硫酸和生石灰调节，硫酸亚铁也可调节土壤的 pH 值。一般用工业废硫酸调节，以节约成本。

（二）各类花卉对土壤的要求

1. 露地花卉

（1）一、二年生花卉：在排水良好的沙质壤土、壤土上均可生长良好，黏土及过轻质的土壤生长不良。适宜的土壤为表土深厚、地下水位较高、干湿适中、富含有机质的土壤。夏季开花的种类最忌土壤干燥，因此要求排灌方便。秋播花卉以黏质壤土为宜，如金盏菊、矢车菊、羽扇豆等。

（2）多年生宿根花卉：根系较强，入土较深，应有 40～50 厘米的土层；下层应铺设排水物，使其排水良好。栽植时应施较多的有机肥，以长期维持较好的土壤结构。一次施肥后可维持多年开花。一般宿根花卉在幼苗期要求富含腐殖质的轻质壤土。而在第二年以后则以稍黏重的土壤为宜。

（3）球根花卉：对土壤的要求十分严格。球根花卉一般都以富含腐殖质的轻质排水良好的壤土为宜。壤土也可。尤以下层为排水良好的砾石土、表土为深厚的沙质壤土为宜。但水仙花、风信子、百合、石蒜、晚香玉及郁金香等则以壤土为宜。

2. 温室花卉要求富含腐殖质，土壤疏松柔软，透气性和排水性良好，能长久维持土壤的湿润状态，不易干燥。一般绝大多数温室花卉都要求酸性土壤。

（三）适宜花卉栽培的土壤类型

一般花卉生产常用的土壤类型有：河沙、园土、腐叶土、草炭土、松针土、塘泥、草皮土、沼泽土等。

1. 河沙：河沙不含有机质，洁净，酸碱度为中性，适于扦插育苗、播种育苗以及直接栽培仙人掌及多浆植物。一般黏重土壤可掺入河沙，改善土壤的结构。

2. 园土：园土一般为菜园、果园、竹园等的表层砂壤土，土质比较肥沃，呈中性或偏酸或偏碱。园土变干后容易板结，透水性不良。一般不单独使用。

3. 腐叶土：腐叶土一般由树叶、菜叶等腐烂而成，含有大量的有机质，疏松肥沃，透气性和排水性良好。呈弱酸性，可单独用来栽培君子兰、兰花和仙客来等。一般腐叶土配合园土、山泥使用。一般于秋冬季节收集阔叶树的落叶（以杨、柳、榆、槐等容易腐烂的落叶为好），与园土混合堆放 1～2 年，待落叶充分腐烂即可过筛使用。

4. 松针土：在山区森林里松树的落叶经多年的腐烂形成的腐殖质，即松针土。松针土呈灰褐色，较肥沃，透气性和排水性良好，呈强酸性反应，适于杜鹃花、栀子花、茶花等喜强酸性的花卉。

5. 草炭土：又称泥炭土，是由芦苇等水生植物，经泥炭藓的作用炭化而成。北方多用褐色草炭配制营养土。草炭土柔软疏松，排水性和透气性良好，呈弱酸性反应，为良好的扦插基质。用草炭土栽培原产南方的兰花、山茶、桂花、白兰等喜酸性花卉较为适宜。

6. 塘泥：塘泥或称河泥。一般在秋冬季节捞取池塘或湖泊中的淤泥，晒干粉碎后使用与粗砂、谷壳灰或其他轻质疏松的土壤混合使用。

7. 草皮土：在天然牧场或草地，挖取表层 10 厘米的草皮，层层堆积，经一年或更长时间的腐熟，过筛清除石块草根等而成。草皮土的养分充足，呈弱酸性反应，可栽培的花卉植物有月季、石竹、大理花等。

8. 沼泽土：在沼泽地干枯后，挖取其表层土壤，为良好的盆土原料。沼泽土的腐殖质丰富，肥力持久，呈酸性，但干燥后易板结、龟裂。应与粗沙等混合使用。

9. 谷壳灰：又称砻糠灰，是谷壳燃烧后形成的灰，呈中性或弱酸性反应，含有较高的钾素营养，掺入土中可使土壤疏松、透气。

二、花卉营养土

（一）营养土的类型

花卉营养土为人工堆制、沤制而成，一般分为普通营养土、加肥营养土和特需营养土、焦泥营养土等。

1. 普通营养土：秋季收集杂草、锯末、残枝落叶、菜叶等，先在底层铺放 30 厘米，并浇水或浇适量的人粪尿，再盖上一层 10 厘米厚的泥土，如此层层堆积，达 1.5 米左右为宜。最后用泥土封顶。发酵腐熟后过筛清除杂物即可使用。堆肥层厚要注意管理，避免雨淋造成养分流失。

2. 加肥营养土：在普通营养土中加入 10%的腐熟的饼肥、或 20%的动物粪便等。适于多数草本花卉栽培。

3. 特需营养土：在普通营养土中加入 0.1%～0.2%的硫矿粉，堆制一段时间，然后摊开，使硫气味散发干净，这种堆肥的 pH 值在 5.5 左右，适于喜酸性花卉。

4. 焦泥营养土：在秋季把植物的残体如枯枝落叶等与园土层层堆积，状如馒头，并用泥土封盖，然后用火慢慢燃烧熏制成黄褐色的灰土。堆放一段时间过筛使用。适于种植小金橘、佛手类的观果植物。

（二）营养土配制

1. 温室一、二年生花卉，如报春花、瓜叶菊、蒲苞花、蝴蝶草等。幼苗期营养土为：腐叶土∶园土∶河沙＝5∶3.5∶1.5。定植用营养土为：腐叶土∶园土∶河沙＝2～3∶5～6∶1～2。

2. 宿根花卉，如紫菀、芍药等的营养土可用腐叶土：园土：河沙＝3～4：5～6：1～2。

3. 温室球根花卉，如大岩桐、仙客来、球根秋海棠等的营养土，可用腐叶土：园土：河沙＝5：4：1

4. 温室木本花卉的营养土，如山茶、含笑、白兰花等，可用腐叶土3～4份，再混以园土及等量的河沙，加少量的骨粉。

5. 仙人掌及多浆植物的营养土为，土：粗砂＝1：1；令箭荷花、昙花、蟹爪兰等：腐叶土：园土：河沙＝2：2：3。

6. 杜鹃类推荐用松针土：腐熟的马粪或牛粪＝1：1最为适宜。

7. 主要花木营养土一般推荐，实生苗和扦插苗：腐叶土：园土：河沙＝4：4：2；橡皮树、朱蕉等用：腐叶土：园土：河沙＝3：5：2；棕榈、椰子等用：园土5份，河沙2份。盆景及盆栽树木：腐叶土及堆肥土适量，河沙必须保证1～2份，以利于排水。

三、土壤消毒

为了防治土壤传播的病虫害，土壤消毒是十分必要的。常用的消毒方法有：

1. 蒸气消毒法：有条件的地方可以用管道（铁管等）把锅炉中的蒸气引导到一个木制的或铁制的密封容器中，把土壤装进容器进行消毒。蒸气温度在100℃～120℃左右。消毒时间为40～60分钟。在容器中铁管上打一些小孔，蒸气由小孔喷发出来。

2. 高温消毒法：在少量种植时可以用大锅炒土的方法。要不断地翻动，温度120℃～130℃时，40分钟即可。

3. 药剂消毒法：

（1）甲醛熏蒸：用40％的甲醛400～500毫升浇灌土壤，

并密闭2～4小时即可。消毒后，土壤要晾晒3～4天，待药剂挥发后再使用。也可以用甲醛50倍液浇灌土壤，密闭24小时，再晾10～14天即可使用。

（2）氯化苦：是一种剧毒熏蒸剂，既可杀虫、杀鼠、灭菌，又可防治线虫。每平方米25穴，穴深20厘米，穴距20厘米时，每穴灌药液5毫升，施药后立即用土把穴盖上，踩实，在土壤表面洒水，延缓药剂挥发。气温在20℃以上时，保持10天，15℃时保持15天，然后多次翻地耙地，以免药剂对植物的根系产生影响。使用氯化苦时要戴手套和防毒面具。

（3）70％五氯硝基苯粉剂，2.5～5千克/亩在畦上条施，然后翻入土壤内，也可防治病虫害。

第四节　花卉生产的配方施肥技术

一、花卉生长发育所需的营养元素

（一）主要元素氮、磷、钾

1. 花卉的氮（N）素营养：氮是植物生长发育过程中所必需，通常虽然在植物体内氮的总量不太高，如水稻全株为1.0％～2.0％。植物是含氮量较高的生物，植物叶片中的含氮量占其干重的3.5％～5.0％左右。氮素主要以铵态氮和硝态氮的形式被吸收，有些小分子的有机氮如尿素等亦能被植物吸收利用。氮是构成蛋白质的主要成分，此外，某些植物激素如生长素和激动素、维生素中也含有氮。因此，氮在植物生命中占有首要地位，故氮又称为生命元素。

2. 花卉的磷（P）素营养：磷也是植物生长发育所必需的营养元素。一般植物的含磷量为1％～8％。植物在花芽分化期至开花期对磷的吸收量较大，因此在花芽分化期前要进行适当增施磷肥；在土壤温度较低时土壤中的有效磷含量低，应增加磷肥；在秋后适当施用磷肥，可提高植物的抗寒能力，并增加根蘖和茎蘖的数量。

3. 花卉的钾（K）素营养：钾是植物生长发育所必需的三大要素之一，土壤中的钾的含量较丰富，因此长期以来人们对施钾肥重视不足。近年来由于大量的使用氮肥和磷肥，对钾肥的需求也日趋增加。植物的含钾量为1.0%～3.5%左右。钾可促进碳水化合物的合成和运输，所以施钾使茎秆粗壮；钾还可提高植株的抗旱性和抗寒性，一般在秋末冬初施钾肥可提高植物的抗寒性。

（二）次要元素钙、镁、硫

虽然钙镁硫在植物体内的含量不如氮磷钾多，但也是植物生长发育所必需的，如果缺乏则会表现出缺乏症。

1. 钙（Ca）：缺钙时常使顶芽嫩叶坏死，根尖受损更为严重；影响多种元素的吸收，如栽培基质中钙含量过多时，会影响钾和镁离子的吸收，也拮抗铁和锰的吸收。

2. 镁（Mg）：镁是叶绿素的组成成分，缺镁时影响叶绿素的合成，因而影响光合作用。缺镁还会影响植物一些物质的合成和能量的转化等。

3. 硫（S）：硫是蛋白质的组成要素之一。

（三）微量元素

与大量和中量营养元素一样，对植物营养同等重要，尽管通常植物对它们的需要量并不多，但它们中有任何一个缺乏也会限制植物生长。伴随着亩产量的提高，带走的微量元素的数量越来越大，所以微量元素日益被受到重视。这里不对每种微量元素的具体功能做详解，其缺素症将在下文指出。

二、花卉的营养诊断

花卉的外部形态特征是内在因素和外界环境条件的综合反应，当土壤中缺乏或过量任何一种必要的营养元素，都会引起花卉特有的生理病症，即缺素症。

据此可判断某种元素的缺乏或过量，从而可用采取相应的措施。一般根据花卉的生长发育状况，是否有生长和发育障碍，形态是否异常，有无枯死等判断植物是否缺乏某种营养元素，即营养诊断，常见的营养诊断方法有如下几种：

1. 形态诊断：土壤中缺少任何一种必要的营养元素时都会引起花卉产生特有的症状，据此可以判断某种元素缺乏或过量，从而采用相应的措施。

2. 化学诊断：通过分析植株体内的化学成分，与正常植株的化学成分进行比较，来诊断苗木营养条件好坏的方法称化学诊断。

3. 施肥诊断：通过形态诊断、化学诊断等方法初步确定所缺乏的元素，补充施入这些矿质肥料，经一段时间，若症状消失，即可确定病因，这种方法叫施肥诊断。

三、花卉的缺素症

1. 缺氮：花卉在氮素不足时，生长受阻，生长量大幅度下降，起初颜色变浅，然后发黄脱落，一般不出现坏死现象。缺氮症状总是从老叶上开始，再向新叶上发展。缺氮时分枝受到抑制，茎叶和叶柄常变成紫红色。

2. 缺磷：磷在植物体内的移动能力很强，能从老叶迅速转移到幼芽和分生组织，因此缺磷症状首先表现在老叶上。花卉缺磷时叶片呈暗绿色，茎和叶脉会变成紫色。严重缺磷时植物各部位还会出现坏死区。缺磷时也会抑制花卉的生长，虽不如缺氮时严重，但对根的生长抑制甚于缺氮。

3. 缺钾：钾在植物体内具有高度的移动性，植物缺钾时首先表现在老叶上。缺钾时叶片出现斑驳的缺绿区，然后沿着叶缘和叶尖产生坏死区，叶片卷曲，最后发黑枯焦；茎秆生长量减弱，抗病性降低。

4. 缺钙：由于钙在植物体内的移动性很差，因此植物缺钙的症状首先表现在新叶上，缺钙的典型症状是幼嫩叶片的叶尖和叶缘坏死，然后是芽的坏死，根尖也会停止生长、变色和死亡。

5. 缺镁：典型症状为叶脉间缺绿，有时出现红、橙等鲜艳的色泽，严重时出现小面积坏死。缺镁症状通常发生在老叶上。在大量使用钾肥时也容易发生缺镁症。

6. 缺硫：缺硫的症状与缺氮的症状相似，如叶片的均匀缺绿和变黄、生长受抑制等。但缺硫通常是从幼叶开始的，并且程度较轻。

7. 缺铁：典型症状是缺绿。铁在植物体内不能移动，故缺铁首先表现在幼叶。缺铁的缺绿特征是叶脉间变黄而叶脉仍能保持绿色，一般没有生长受抑制或坏死现象。在碱性土壤或石灰性钙质土上植物常缺铁，原因是在碱性条件下土壤中的铁以不溶性的氧化铁或氢氧化铁的形式存在。土壤中镁素过多也会影响铁的吸收。

8. 缺锌：典型症状是节间的生长受到抑制，叶片严重畸形，顶端优势被抑制，这可能是生长素（IAA）的供应不足引起的，因为锌是生长素合成所必需的；老叶缺绿也是缺锌的常见症状。在中性和碱性土壤上较易出现缺锌的症状。我国的许多地区土壤中缺锌，从而影响作物的产量，包括植物的产量也会受到影响。同时由于该地区人们长期食用缺锌的食物，也普遍影响人们的健康。在施用锌肥时常遇到锌与磷拮抗的问题，锌肥一般用作根外追肥的效果较好，可避免锌磷拮抗。

9. 缺硼：缺硼的典型症状是叶片变厚和叶色变深，枝条和根的顶端分生组织死亡，缺硼引起根和枝条的发育受阻。缺硼症状的发展是缓慢的，土壤中硼有效性受钙的影响，土壤中钙的含量高，能降低硼的吸收，其原因可能是钙使硼在土壤中复合或发生沉淀，或降低根系对硼的吸收能力。

10. 缺锰：缺锰的症状是叶片缺绿，并在叶片上形成小的坏死斑，注意要和细菌性斑点病、褐斑病等相区别，缺锰的症状在幼叶和老叶上都可发生。一般在酸性土壤中不缺锰，但在pH 值大于 6.5 的土壤中，常发生缺锰的危害。在氧化状态高的土壤和碱性土壤中，锰和铁一样能转化成无效态，而引起植物缺锰。在锰含量过高和过低时都影响植物的产量。

11. 缺铜：缺铜的症状是叶尖坏死和叶片的枯萎发黑，症状在幼叶上最先出现。土壤施用过量的磷肥时，会使铜成为不溶性的沉淀而降低有效性。食用植物施用硫酸铜可增产，并可提高抗病能力。

12. 缺钼：缺钼的最初症状是老叶脉间缺绿和坏死，有时呈斑点状坏死。缺钼也会引起缺氮的症状。在 pH 值较高的土壤中容易被植物所吸收。

四、肥料种类

（一）有机肥

含有大量有机物质的肥料称有机肥料，又称农家肥。有机肥中含有大量的腐殖质和有机质，能为植物提供各种营养元素；能提高土壤中难溶性硫酸盐的有效性，减少土壤对磷的固定作用，对于提高土壤肥力，改善土壤的结构均有重要的意义。

常用的有机肥有人粪尿、牲畜粪尿、禽类粪、骨粉、鱼粉，厩肥、堆肥、绿肥、饼肥，泥炭、草木灰、落叶、杂草等。有机肥中的有机质含量丰富，营养成分全面，肥效期长等特点。值得注意的是使用有机肥时要充分腐熟。

1. 堆、沤肥的施用：堆肥和沤肥都是利用植物残落物，如秸秆、树叶、杂草、植物性垃圾以及其他废弃物为主要原料，加进人粪尿或牲畜粪尿进行堆积和沤制而成的。堆肥的堆制要为微生物创造好气分解的条件，发酵温度较高。沤肥多在水下沤制，以嫌气分解为主，发酵温度低。一般微生物发酵所需的碳氮比为 25∶1 最适宜。不同有机物的碳氮比不同，发酵时需要用适量的氮肥加以调整。

堆、沤肥中含有较高的有机质和各种营养元素，是完全肥料，肥效缓慢而持久，一般用作基肥。长期施用堆、沤肥可起改良土壤作用。苗圃中施堆、沤肥的用量，通常 750～1500 千克/亩。堆肥中氮素因微生物的消耗而不足，最好施堆肥后，再追施速态氮肥。各种沤肥材料的配合比例，应根据肥料用途而定。如作当年追肥，要求肥料腐熟快。可用 50 千克青草，加入 10～15 千克人粪尿，1～2 千克石灰，或 2.5～5 千克草木灰。如作第二年底肥，先将青草晾晒 1～2 天，切成 7～10 厘米长段，将碎草铺在坑底，约 17 厘米厚，再铺骡马粪，并浇水和人粪尿，将草全部淹没。肥料发酵，粪水变成黑绿色时再加一层黑土，然后再加青草、马粪和水。如此一层层堆至地面，最后灌水，使坑面保持有 3 厘米厚的水。秋季，将沤好的肥料起到地面上来，经过翻捣再堆成馒头形大堆。堆肥腐熟是微生物活动的结果。影响微生物活动的外界条件有水分、空气、温度、堆肥材料的碳氮比，以及微生物所处环境条件的酸碱度等。只要满足微生物活动所需要的条件，堆肥就能腐熟。堆制前需要将植物残落物浸泡吸水。水分在堆肥过程十分重要，通常含水量是干材料的 60%～70%为宜，有利于堆内微生物的生活和有机材料的软化，还可促进堆肥上下腐熟均匀。通常用手紧握材料有水滴挤出，即表示水分适度。肥堆中若通气良好，则好气性微生物活动强烈。有利于微生物堆肥腐熟；通气条件差时，嫌气微生物活动旺盛，则有机物质分解缓慢，有效养分释放少，堆肥腐熟时间长，但有利于腐殖质的形成和累积。因此，可以将二者结合：堆制前期以好气为主，使堆肥迅速分解，释放养分，而中后期使堆肥处于空气不流通状态，以保存已放出的养分，促使腐殖质的累积。其方法为：堆肥前期可以通过设立通风塔、通风沟或用疏松堆积的方法，使堆肥通气。到堆肥腐熟时，堆肥自然塌陷，然后，再压紧封泥，撤除通风塔等设施，使肥堆减少空气流通。堆肥在腐熟过程中，堆内的温度随有机质的分解而变化，由低温、中温而进入高温。高温纤维分解细菌要求的温度为50℃～60℃，属好热性微生物。冬季堆制时，可在堆肥材料中增加适量马粪，利用其中所含高温纤维分解细菌活动时产生的热量提高堆肥温度，或采用堆面封泥，以减少热量散失，加快堆肥的腐熟。微生物活动需要碳素作为能源，需要氮素作为建造细胞的材料。微生物的活动和繁殖，对碳素和氮素要求要有一定的比值（表4—1），一般小于25∶1。若堆肥造林中的碳氮比大于25∶1时，微生物不能大量繁殖，有机残体分解缓慢，微生物将从外界环境中吸收无机氮。如果有机物质的碳氮比小于25∶1，微生物繁殖快，有机残体快速分解。为了加速微生物的活动，促进堆肥腐熟，可在堆肥中加入粪稀或其他氮肥，用以调节微生物所需要的碳氮比。堆肥在腐熟过程中，有机质分解会产生大量有机酸，使环境变酸，影响微生物的生命活动。因为一般微生物适宜生活在中性或微酸性环境中，所以，在堆肥中应适当加入石灰或草木灰、石灰性土壤等偏碱性物质，以调节堆肥中的pH值。堆肥分普通堆肥和高温堆肥两种。前一种发酵温度低，后一种要经高温发酵。

表4—1　不同有机物的碳氮比

种类	野草	干稻草	木材和树皮	苜蓿和三叶草	紫云英	锯末屑	高温堆肥	一般堆肥
碳氮比（C/N）	25～45∶1	67∶1	480∶1	20∶1	10～17.3∶1	250∶1	9.67～10.67∶1	16～20∶1

（1）普通堆肥：适用于温度高、雨量多的地区或季节。堆肥要选择地势较平坦、靠近水源的地方。堆宽2米，最高

1.5～2 米，堆长以材料多少而定。堆置前先将地面夯实、整平，铺上一层草皮土或草炭，以吸收下渗的肥液，再将枯枝落叶、杂草、垃圾等均匀铺上，泼以人畜粪尿和污水等。每层厚约 15～26 厘米，堆顶盖一层细土或河泥，以减少水分蒸发和氨的挥发。堆置 1 个月左右，翻捣一次，并适量加水。夏季高温多雨，堆肥 2 个月左右，翻捣一次，冬季需 3～4 个月即可腐熟。

（2）高温堆肥：高温堆肥是有机物质无害化处理的一个主要方法。人粪尿、树木落叶、杂草、混合枯株、各种秸秆等经高温处理后，可以消灭潜伏其中的病菌、虫卵和草子等，有利于环境卫生和人、畜健康。为了加快杂草、树叶等的分解，提高肥堆温度，高温堆肥必须加入马粪，利用马粪中的好热性高温纤维分解菌，促进植物残体的分解。若高温堆肥采用半坑式，则腐熟快且充分，养分损失少。其方法为：选择背阴高燥、靠近水源的地方做肥场。在地上挖坑，若植物材料按 0.5 吨算，则坑深 1 米，挖出的土围在坑的四周，成一圈土埂。坑底铲平，挖一个十字沟，沟的深、宽均为 20 厘米，沟的两端沿边向上挖，直挖出土埂，外面出口呈喇叭形。坑底纵横铺两层短树枝，坑边的沟竖几根秸秆或树枝做通气塔。然后铺上植物材料踏紧，加一层细土，泼石灰水，撒一次马粪，再泼人粪尿。然后又铺一层材料，如此一层一层堆到高出坑面 30 厘米左右，上面盖一层土，厚约 3 厘米，使肥堆呈馒头形。过 1～2 天，使之充分通气，最后再用河泥、塘泥等封顶。上述两种堆肥，是农作物用肥的传统制肥法。其特点是养分含量丰富、全面。高温堆肥具有杀菌灭虫作用。花卉生产中常用的培养土、腐叶土的制造方法与堆肥相似。它们也是用落叶、落花等植物材料，浇上人粪尿促使植物残体腐熟。不同之处是腐叶土要加进相当量的园土，腐熟时间长，没有高温发酵过程，不能灭虫杀菌，常使菌、虫卵潜伏在培养土或腐叶土中，使新植株感染病毒或孳生害虫。

2. 泥肥的施用：河、塘、沟、湖中肥沃的淤泥统称泥肥。它是由风雨带来的地表细土、污物、枯枝落叶等汇集于河、沟、塘、湖底部，再加上水生动物的排泄物及遗体，还有水生植物的残体共同组成的。这些物质经长期嫌气性微生物的分解而形成泥肥。不同泥肥，其肥效不同。如果淤泥水面黑绿色、味臭，挖出的淤泥有很多蜂窝状孔穴，看不清其中的植物茎叶痕迹，体积较轻的肥效高；相反，如果水面清亮，挖出的泥块颜色灰白，结构紧密，没有蜂窝状孔穴的肥效则较差。泥肥属凉性肥料，肥效期长而稳定。为了使泥肥养分迅速转化和消除因长期在淹水的嫌气情况下所产生的还原性有毒物质，施肥前要先将其铺开，晾晒一段时间，然后再打碎施用。苗圃用泥肥做基肥施用量很大，它不仅可以供给苗木养分，还可增厚土壤耕层，改善土壤理化性质。用泥肥配制培养土栽植花卉效果良好。先将泥肥摊于露地，稍干燥后，切成 1 厘米大小的泥块，掺入 1/5 左右的砻糠灰，用此土栽种白兰花、茉莉等，叶茂花艳。

3. 草炭与腐殖酸：草炭不仅有强大的吸附能力，而且从草炭中提取的腐殖酸盐对植物生长有刺激作用，所以，草炭的利用是多方面的。

（1）用作牲畜垫圈材料：用草炭为牲畜垫圈，不但能吸收牲畜的粪尿液，还能吸收牲畜粪便分解时产生的气体（氨气、硫化氢、二氧化碳）。既避免肥分损失，又保持环境洁净。

（2）制作草炭污泥肥：用两种草炭（高位、低位）与由城市污水沉淀下来的污泥混合（重量为 1∶1），再添加不同分量的矿物肥料，制作草炭污泥肥。结果证明，草炭污泥混合肥酸性弱，富含易熔性氮、磷、钾，特别适合草坪的培育。

（3）制作草炭菌肥：以草炭为主要成分（100 份）加石灰 0.2～0.3 份，微生物培养基 0.1～0.2 份，固氮菌剂 0.05～

0.1 份，制成的草炭菌肥，施用方便。

(4) 制作草炭纸：利用分解法使草炭纤维质与黏结剂结合制成草炭纸，其中也可加入肥料和其他化学添加剂。混有草籽的草炭纸，可铺在新建筑物周围的土地上，形成草坪和其他地被物。

(5) 制成堆肥：将草炭、褐煤粉、针叶树皮、培植蘑菇的废基质、石棉及土壤混合，通过 7～14 天的沤制，制成的肥料适用于种植园林观赏植物。

(6) 用草炭作温室土：用鲜类草炭（高位草炭）添加营养元素，可做温室土，培养植物。

(7) 制造花卉培养土：因草炭有很强的吸附能力，近年来，外国不少地区应用草炭制造花卉营养土。

(8) 制成草炭营养钵：用中等分解程度的草炭制造营养钵，管理、运输、携带方便。另外，根据草炭松散程度和泥沙含量，制造营养钵时，可加入少量淤泥作黏结剂，或加入锯末屑、沙子做松散剂。配料充分混合后，用手工或机械制成草炭营养钵。由于草炭松紧适合，种在草炭营养钵中的花、苗木根系生长良好。种植植物或其他喜酸性花卉时，可在营养钵中加适量硫酸亚铁，以调节 pH 值。腐殖酸肥就是用含腐殖质丰富的草炭褐煤、风化煤等作为主要原料，加碱、酸析制成的各种腐殖酸盐。主要腐殖酸肥有：腐殖酸铵，硝基腐殖酸，腐殖酸氮、磷肥。草炭与其他肥料配方：草炭（半干的）60%～80%、腐熟厩肥 10%～20%、过磷酸钙 0.1%～0.4%、硫酸铵0.1%～0.2%、草木灰 1%～2%。以草炭、尿素、过磷酸钙、氯化钾做原料，经干燥粉碎、计量混合、造粒、筛分包装等工序，生产腐殖酸氮、磷、钾复合颗粒肥料。它不仅含氮、磷、钾，还混有腐殖酸物质，是一种长效缓性复合肥料。我国生产的腐殖酸肥在早菊生产上取得了良好的效果，对盐碱化较高的土壤尤为适宜。我国前几年研制的各种腐肥，经试用，也有一定的肥效。并经公园连续两年用腐殖酸肥在早菊上试验。经对照相比，施用腐肥的早菊，根系繁多，叶子明显增厚色绿。

（二）无机肥

无机肥也称化肥。与有机肥相比，化肥的养分含量高，成分单纯，易溶于水，肥效快而短，并有酸碱反应等特点。长期使用化肥会对土壤产生板结、盐渍化等不良的影响。按其所含的主要养分，化肥常分为：

1. 氮肥：包括硫酸铵、硝酸铵、氯化铵、尿素等。

2. 磷肥：有过磷酸钙、磷矿粉等。

3. 钾肥：有磷酸二氢钾、硫酸钾、氯化钾等。

4. 复合肥：有三元素，磷酸二氢铵等。

5. 微量元素肥料（微肥）：有铜、锌、锰、钼、硼、铁等。

6. 菌肥：根瘤菌、磷化菌、钾细菌等。

花卉的生长发育需要大量的营养物质，这些营养物质主要依靠根系从土壤中所吸收的。如果不能及时补充所需的养分，就会影响生长和产量。研究表明，单位面积上产量与施肥量成正比，只有通过施肥才能满足花卉不同的生长时期对养分的需要。

五、施肥的方式

（一）底肥

以有机肥为主配合缓效性无机肥，在整地时施入土壤。使用有机肥时，一定要充分腐熟，不能使用“生粪”，因生粪由于发酵生热，容易伤害苗木的根系，同时生粪中带有大量的病菌和害虫的卵，容易造成病虫害发生。一般以有机肥为主，使用量为3000～10000千克，再配合一定量的无机肥料。沙土地和黏重土地施用有机肥料特别重要。

（二）种肥

在播种育苗时把肥料撒于种子附近。一般用速效磷肥为主。种肥不仅给幼苗提供养分，又能提高苗圃发芽率。

1. 苗木在幼苗期对磷肥很敏感，幼苗期如果缺磷，会严重影响苗木的生长。磷在土壤中的移动性差，并且容易被固定。施用种肥应离幼苗的根系近，利于根系吸收和生长。

2. 基肥和种肥配合使用，分层施肥，苗木可以分层利用肥料。

3. 磷肥颗粒肥料与土壤的接触面积小，可以减少被土壤的固定，提高肥效25%～100%。

4. 颗粒肥料有较好的物理性，有利于种子发芽和幼苗根系及地上部分的生长。

（三）追肥

在植物生长期内为了补充土壤中某些养分而追施的肥料。分土壤追肥和根外追肥二种。根外追肥的原理是植物的叶片有气孔、皮孔和水孔等，小分子的物质可以通过，如尿素，可以直接进入叶片被吸收利用。

1. 土壤追肥：用速效肥，一般以氮肥为主，在后期追肥以磷、钾为主。常用的追肥方法有：撒施，浇灌法，穴施法，沟施法等。一般每年3～5次。追肥的结束时期不能过晚，特别是氮肥追肥期晚容易造成苗木徒长，降低抗寒能力。

2. 根外追肥：在苗木生长期间将速效性肥料配成稀释溶液，施于苗木的地上部分主要是叶片上。

（四）配方施肥与施肥量计算

配方施肥即根据花卉生长发育的不同时期对肥料的需要量，合理地进行施肥。施肥量一般根据土壤的（或基质的）供肥能力，补充花卉所需之不足。

花卉施肥量常按下列公式计算：

$$A=(B-C)/D$$

式中：A—某种元素的施用量（千克）

B—某种花卉的需肥量（千克）

C—花卉从土壤或基质中吸收的肥量（千克）

D—肥料利用率（%）

一般花卉无机肥料的利用率，氮为45%～60%（一般按50%计算）；磷为10%～25%；钾为50%。堆肥的利用率：氮为20%～30%；磷为10%～15%；钾为40%～45%。

根据花卉体内养分的含量以及肥料的利用率可估算出施肥量。例如，植物的鲜重为100克，10%是干物重。其中氮、磷、钾的含量分别为4%、0.5%、2%，即各为0.4克、0.05克、0.2克。由于施入土壤中的肥料，一部分因灌水而损失，另外一部分被土壤固定而残留于土壤中，因此，肥料中的养分不能被植物全部吸收。假设植株对肥料的利用率分别为20%、10%、20%，则应该施入土壤中的三要素的量分别为2克、0.5克和1克。把这些值换算成相应的化学肥料即硫铵10克、过磷酸钙2.5克、硫酸钾1.7克。这些肥料可在生育期间分期施用。盆栽土壤各种肥料的成分以每升土施用0.1～0.5克左右为合适。

肥料每次的施用量，随施肥的次数而变。应提倡“薄肥勤施”的原则，切忌施浓肥。因为浓肥会使土壤溶液渗透压增高，影响植物对水分的吸收，同时土壤溶液中个别离子含量过高时，会发生离子间的拮抗作用，阻碍了对所要求的离子的吸收，重者会造成植物的死亡。

（五）花卉施肥应注意的问题

1. 基肥和追肥应配合使用。一般有机肥配合一定量的无机肥料混合使用。沙土地和黏重土地施用有机肥料特别重要。

2. 氮，磷，钾配合使用。一般以磷为基础，氮是磷的1～4倍，钾是磷的1/2～1倍。氮、磷、钾的比例，因花卉种类的不同而异。

3. 根外追肥要少量多次，避免肥伤。

4. 要根据不同的植物和不同的生长时期使用不同的肥料和不同的量。例如：茎叶氮，花期磷，入冬钾。如植物在幼苗期氮肥的比例可稍大，氮：磷：钾＝4：3：2，从花芽分化开始，就要避免使用氮肥，可用磷酸二氢钾根外追肥 100ppm，每周一次，直至开花。

5. 肥害（肥伤）及预防：在施用生粪或一次性使用过多的肥料及其施肥的方法不当容易造成对花卉生长发育的不利影响，在花卉生产中称之为肥害或肥伤。肥害的预防要注意以下几点：

（1）有机肥要充分腐熟；

（2）施肥部位，避免施入根窠，要沿盆边施入；

（3）盆栽花卉施肥后要隔日浇一次水——“回水”；

（4）一次性避免使用过多的肥料，一般叶面追肥的浓度一定要稀薄，以 100ppm 左右为宜。

（六）施肥自动化与配方施肥

自动化灌溉的出现，为配方施肥提供了方便。这是国外普遍采用的一种技术。其方法是将易溶解的肥料配成浓溶液，然后使这种浓溶液通过注入器，按照花卉所需要的浓度比例进入温室水管中。注入器有不同比例规格可供选用。例如 1：1000 的注入器表示 1 升的母液与 100 升的灌溉水相混合；1：200 的注入器则是 1 升母液与 200 升的水相混合。通过注入器的液体肥料必须全部溶解，或事先进行过滤，否则注入器易被阻塞。母液必须配制正确。采用自动注入器时如是硝酸钙这类物质，不应和磷酸镁一起放在同一浓缩桶中，因这类物质会产生沉淀。微量元素如硼酸或硼砂在加入浓缩桶之前一定要用沸水溶解。另外，对水质也要进行分析，如果水中已含有钙和镁，那就不必再加这类物质。碳酸盐含量高的水在灌溉系统中会引起沉淀，在这种情况下，可用硝酸中和，在 200 升母液中加入

103～300 毫升的硝酸。

（七）控制施肥的主要手段

控制施肥的手段和方法很多，在国外应用较为普遍。如：植物诊断；pH 值分析；电导度测定；土壤分析；植物组织分析等。在有些情况下，只用一种手段是很难确定的，因此使用这些方法时，要了解和掌握它们的使用范围和局限。

1. 植物诊断：植物诊断是最常用的方法，对于一个严格而细心的种植者来说，作物的长相就是最好的说明，因此，观察能力通常是种植能手与一般种植者的重要差别。但是种植观察能力需要经长期的、反复的实践，要对作物的生长规律十分熟悉后才能提高。例如，缺氮的症状和过量盐分的毒害；农药的药害和缺铁症状；微量元素的缺乏和除草剂的药害；由某些昆虫造成的损伤；真菌病害和营养失调等症状都很容易混淆，在这些情况下，就要用上述其他手段来确定，通常要把植物体分析和基质中的营养元素分析综合起来才可靠。

2. 土壤和植物组织分析：土壤和植物组织中的养分是通过施肥进行控制的。土壤和植物分析可取长补短，土壤分析能提供植物整个生长期内养分的含量、盐分、pH 值等情况，根据这些资料可调整 pH 值、营养元素的含量，以达到植物生长所需要的水平。植物分析对提供特殊元素的精确含量较为可靠，若和土壤分析相结合，将有助于改进施肥方案，提供适量的营养元素，最大限度地提高产量和质量。用电导仪测定可溶性盐分的缺点是不能反映出个别元素的丰缺情况，也不能反映出可利用元素和不可利用元素在数量上的差异。

第五节　花卉的花期调控技术

花期调控的主要方法有：控温控花法、控光控花法、颠倒昼夜处理法、遮光延长开花时间处理法、播种期调节控花法、控水控肥控花法、调节气体控花法、修剪控花法。

人们在长期的花卉生产实践中，根据不同的气候、温度、湿度、花卉植物本身的特性，创造出许多的花期控制的有效方法。近年来，科学技术突飞猛进，日新月异，花卉花期控制技术也得到很大的发展。尤其是温度控制花期技术发展得迅猛，对花卉生产的高速普及起到推波助澜的作用。当然，光照控花法、植物生长调节剂控花法、水肥控花法、修剪控花法、播期控花法、气调控花法，都对花卉花期控制起到非常重要的作用。但是，我们要提醒急于学习花卉花期控制技术的人们，花卉花期控制技术是一门综合技术。首先要了解每一种花卉植物的生物特性，然后要种好花卉植株，只有生长健壮的花卉，才能开出高质量的花朵，即使掌握了控花技术，没有控花前的栽花技术，也开不出好花来。

另外，每一种花卉植物的花期控制技术都不相同，而且采用控花技术时还受到技术开始使用时的时间、温度、湿度、地理环境、设备等多方面因素的影响。在首次进行花期控制处理时，用花量不能多，并且要分期分批进行；要做好时间、温度、气象变化、处理过程、处理结果的记录，以便总结经验，寻找出符合当地环境条件的花期控制手段。在掌握了花期控制技术以后，才可以逐步扩大应用范围。否则，就有可能造成不应有的损失。

一、控温控花法

在日照条件满足的前提下，温度是影响开花迟早极为有效的促控因素。人为地创造出满足花卉植物花芽分化、花芽成熟和花蕾发育对温度的需求，创造最适宜的开花条件，便可达到控制花期的目的。

（一）增加温度法

主要用于促进开花，提供花卉植物继续生长发育以便提前开花的条件。特别是在冬春季节，天气寒冷，气温下降，大部分的花卉植物生长变缓，在5℃以下大部分花卉停止生长，进入休眠状态，部分热带花卉受到冻害。因此，增加温度阻止花卉植物进入休眠，防止热带花卉受冻害，是提早开花的主要措施。如瓜叶菊、牡丹、杜鹃、绣球花、金边瑞香等经过加温处理后，都能够提前花期。大家知道，河南洛阳、山东菏泽的牡丹花名扬天下，每年5月份牡丹花盛开。吸引了千千万万的中外宾客。但在广东地区，每年春节的元宵花市上，广东人都能够目睹牡丹花的娇姿，并能买上一盆放到家里欣赏，比河南、山东牡丹故乡的人们早享受牡丹的艳丽3～4个月。牡丹花提前开放，采用的主要就是温度控花法的加温手段。

1. 利用南方冬季温度高的气候优势进行提前开花处理：牡丹花在经过我国北方寒冷冬季的自然低温处理后，运输到南方，利用南方的自然高温，打破牡丹花植株的休眠，经过1个多月的精心管理，牡丹花盛开。这就是典型的利用地区性自然温差促使提前开花的处理方法。

2. 利用温室保温、加温：在秋末、冬天和初春时期，天气较冷，温室内的温度往往较室外高，如果在室内多加一层薄膜，保温的效果会更好。如果温度太低，只能通过电热加温（包括电热器、电热风扇、电炉、红外线加热管、高温灯泡等）对温室进行加热，以达到提高温室温度的目的。

3. 采用发电厂热水加温：有条件的地方，可以利用火力发电厂的水冷却循环系统通过温室，再循环回电厂，这样可以大大减少能源消耗，降低加温成本，提高花卉产品的竞争力，是一种廉价高值的加温手段。

4. 利用地热加温：有地热条件的地方，可以用管道将热水接到温室里，提高温室的温度，既可以增加温室里的湿度，又可以降低成本，大量生产鲜花，提高经济效益。

（二）降低温度法

降低温度法究竟降到多少为准？这个问题是一个复杂的问题。首先我们必须始终牢记这样一个原则：在花卉花期控制过程中，每一种花卉植物都有自己的一个温度范围（这个范围包括两个范畴：一个是营养生长的范围，另一个是生殖生长的范围），这个温度范围各不相同；不但温度的度数不同，还有温度的持续时间的长短也不同。降低温度法能够达到以下几种情况：

1. 完成花芽发育成熟，促使开花提前。
2. 低温春化，促使开花提前。
3. 利用热带高海拔山区进行花期调控。
4. 延迟花期。

二、控光控花法

不同的花卉植物对光照强度、光照时间的需求是不同的，同一植物不同生长发育期对光照的需求也是不同的。但影响花卉花期的光照因素主要是光周期。

（一）短日照处理法

在长日照的季节里（一般是夏季），要使长日照花卉延迟开花，就需要遮光；使短日照花卉提前开花也同样需要遮光；长日照花卉的延迟开花和短日照花卉提前开花都需要采取遮光的手段，就是在光照时数达到满足花卉生长时，用黑布或黑色塑料膜将光遮挡住，使它们在花芽分化和花蕾形成过程中人为地满足所需的短日照条件。这样使受处理的花卉植株保持在黑暗中一定的时数。天天照此方法做。一段时间之后，花芽分化完成，就可以不用遮光了。在长日照条件下仍然可以长期保持处理后的效果，直到开花。如菊花、一品红在下午 5 时至第二天上午 8 时，置于黑暗中，一品红经 40 多天处理即能开花；菊花经 50～70 天才能开花。采用短日照处理的植株一定要生长健壮，有 30 厘米高度，处理前停施氮肥，增施磷、钾肥。

（二）长日照处理法

在短日照的季节里（一般是冬季），要使长日照花卉提前开花，就需要加人工辅助光照；要使短日照花卉延迟开花，也需要采取人工辅助光照。长日照花卉的提前开花和短日照花卉延迟开花都需要采取人工辅助灯光的处理手段。在天黑之前，就要把电灯打开，延长光照 5～6 个小时；或者在半夜用辅助灯光照 1～2 小时，以中断暗期长度，达到调控花期的目的。如菊花是对光照时数非常敏感的短日照花卉，在 9 月上旬开始用电灯给予光照，在 11 月上中旬停止人工辅助光照，在春节前菊花即可开放。电灯泡安置在距菊花顶棚上方 1 米处，100 瓦灯泡的有效光照面积为 4 平方米。利用增加光照或遮光处理，可以使菊花一年之中任何时候都能开花，满足人们周年对菊花切花的需要。

三、颠倒昼夜处理法

有些花卉植物的开花时间在夜晚，给人们的观赏带来很大的不便。例如昙花，它总是在晚上开放，从绽开到凋谢至多 3～4 小时。所以只有少数人能够观赏到昙花的艳丽风姿。为了改变这种现象，让更多的人能欣赏到昙花一现的美妙之处，我们可以采取颠倒昼夜的处理方法，使昙花在大白天悠然开花。一般的处理方法是：把花蕾已长至 6～9 厘米的植株，白天放在暗室中不见光，晚上 7 时至翌日上午 6 时用 100 瓦的强光给予充足的光照，一般经过 4～5 天的昼夜颠倒处理后，就能够改变昙花夜间开花的习性，使之白天开花，并可以延长开花时间。

四、遮光延长开花时间处理法

有部分花卉植物不能适应强烈的太阳光照，特别是在含苞待放之时，用遮阳网进行适当地遮光，或者把植株移到光强较弱的地方，均可延长开花时间。如把盛开的比利时杜鹃放到烈日下暴晒几个小时，就会萎蔫；但放在半阴的环境下，每一朵花和整棵植株的开花时间均大大延长。牡丹、月季花、康乃馨等适应较强光照的花卉，开花期适当遮光，也可使每朵花的观赏寿命延长 1～3 天。因此，在花卉植物开花期间，一是不要让阳光直接晒到花朵，二是尽可能降低温度，这样鲜花才能延长它的观赏期。

五、播种期调节控花法

播种期在花卉植物花期调控措施中的概念除了种子的播撒时间之外，还包括了球根花卉种球下地时间及部分花卉植物扦插繁殖时间；一、二年生的草本花卉大部分是以播种繁殖为主的，种子的保存对种子的发芽率起着极为重要的作用。种子保存得好，贮存的时间长。用调节播种时间来控制开花时间是比较容易掌握的花期控制技术，关键问题是要十分清楚，什么品种的花卉在什么时期播？从播种至开花需要多少天？这个问题解决了，只要在预期开花时间之前，提前播种即可。如在南方，天竺葵从播种到开花大约是 120～150 天，我们希望天竺葵在春节前（通常春节在 2 月中旬）开花，那么，在 9 月上旬开始播种，即可按时开花。球根花卉的种球大部分是在冷库中贮存，冷藏时间满足花芽完全成熟后，从冷库中取出种球，放到高温环境中进行促成栽培。在不长的时间里，冷处理过的种球便会开花。如郁金香、风信子、百合花、唐菖蒲等。从冷库取出种球在高温环境中栽培至开花的天数，就是我们进行球根花卉控制花期所要掌握的重要依据。有一部分草本花卉是以扦插繁殖为主要繁殖手段，扦插繁殖开始到扦插苗开花就是我们需要掌握的花期控制依据。如四季海棠、一串红、菊花等。

六、控水控肥控花法

水、肥在花卉植物的整个生命周期中是必不可少的重要条件。花卉植物只有在适宜的水、肥环境中才能茁壮成长。在健壮的花卉植物上采用人为控制开花处理手段，才可能取得令人满意的结果。我们知道，部分木本植物在遇到恶劣的生活环境时（例如干旱、严重的虫害等），为了本身延续后代的需要，它们会在很短的时间内完成开花、结果的整个繁殖后代的过程。我们正是利用木本花卉的此种特性，采取控制水分的措施，达到提前开花的目的。例如深圳市花勒杜鹃（别名：宝巾花、三角梅、叶子花），在它长大成株后，停止往花盆里浇水，直到梢顶部的小叶转成红色后再浇水，很快就会开花。开花后浇水的量一定要控制在少量（约 3～4 天浇一次，土表湿润即可），才能保持延续不断开花。如浇水过量，便很快转为营养生长，不开花了。在球根花卉的种球采取低温处理时，一定要控制湿度，湿度过大易感病、提前抽芽；湿度低有利于种球的贮存。种球含水量愈少花芽分化愈早。郁金香、风信子、百合等种球都是如此。在花期控制处理阶段，必须控制施用肥料的种类及施用量，尽量少施或不施氮肥，以施磷、钾肥为主；氮肥过多，影响花芽分化，只是抽梢长叶而不开花，从而造成控花失败。

七、调节气体控花法

花卉植物在生长发育过程中需要不断地进行新陈代谢活动，在植物的整个呼吸过程中，除了主要吸入二氧化碳外，还有氮、氧等空气中含有的其他气体成分，如果我们在花卉植物生活的环境中人为地增加不同成分的气体，植物吸收后对其体内的生理生化反应起作用，从而达到打破休眠、提早开花的目的，例如，对休眠的洋水仙、郁金香、小苍兰等球茎用烟熏的方法来打破休眠，从而使它们提前开花。1893 年人们就发现，在温室中燃烧木屑可以诱导凤梨开花。这主要是烟雾中存有乙烯的缘故。用大蒜挥发出的气体处理唐菖蒲球茎 4 小时，可以缩短唐菖蒲的休眠期，比未处理的球茎提前开花，花的质量也好。

八、修剪控花法

这里的修剪主要是指用以促使开花，或再度开花为目的的修剪。如一串红、天竺葵、金盏菊等都可以在开花后修剪，然后再施以水、肥，加强管理，使其重新抽枝、发叶、开花。不断地剪除月季花的残花，就可以让月季花不断开花。摘心处理一是有利于植株整形、多发侧枝；二是延迟花期。例如菊花一般要摘心 3～4 次；一串红也要摘心 2～3 次（最后一次摘心的时间就是控制开花的处理时间）再让其开花，就能达到株形理想、开花及时的商品花。

第五章

花卉设施栽培的具体实施

花卉设施栽培是为了达到优质高产、周年供应和降低成本等目的，在花卉设施栽培的类型中，鲜切花是重要组成部分，本章将以鲜切花作为重点来介绍花卉设施栽培的具体实施。

鲜切花被人们剪下来后可做各种用途，主要用于制作花篮、花束、插花、花环、襟花、头饰和桌饰等。比如，当做鲜花花束出售或送人，或者用来插花做成花篮或插花艺术品。它们在会议场所、礼宾仪式、婚丧活动及房间美化等方面也具有不可替代的作用。随着社会的发展和进步，精神文明和物质文明水平的提高，人们对鲜切花的需求量越来越大。鲜切花生产已成为适应经济发展和优质生活的重要产业之一。

鲜切花大致可分为切花、切叶、切枝三类。切花是插花或其他装饰作品的主体，也是这类作品色彩的来源。切叶大多为常绿植物叶片，在花卉装饰作品中主要起陪衬、烘托和掩饰作用。切枝是带有花、叶、果实的枝条，在花卉装饰作品中起烘托主体的作用。可作切花的种类很多，一般花色鲜艳、气味芳香、蕊梗顺直、花枝长、枝叶挺硬，能够水养的花、叶、枝都可以作为鲜切花材料。

鲜切花的周年主产是根据鲜切花的生物学特性，创造适宜其生长发育的环境条件，以达到周年供应的目的。要提高切花质量，降低成本，使切花做到周年、均衡地供应市场，获得较好的经济效益，要做好以下几方面的工作：

一是以当地自然条件为依据，选择适合当地气候、土质以及适销对路、受人欢迎的花型、花色的切花品种，并掌握品种的生物学特性及对各种环境因素的要求。

二是为满足鲜切花周年生长需要，应有必要的设施进行调温、调湿及增加光照等，以便顺利地进行抑制和促成栽培，做到四季开花。

三是对切取的花枝应做好采收、贮存、运输和保鲜工作，以期获得理想的采后质量。

需要指出的是，我国地域辽阔，南北气候差异很大，各地应利用当地的气候特点，选择自然花期的品种，通过露地栽培和少量的塑料大棚生产切花，这样可以减少周年生产中所必需的设施投入和能耗，降低培育成本。切花的周年供应也可通过异地调配来满足市场的供应。下面详细介绍主要切花的周年生产。

一、菊花的周年生产

使菊花达到周年供应的途径有两个方面，一是只用秋菊品种进行促成、抑制等方法进行栽培，达到周年供应；二是用不同花期的品种分期栽培，达到周年供应。根据我国现在以及今后一段时期经济发展和农业生产条件，应推行“品种配套为主，人工措施为辅”的切花菊周年生产体系，即不同季节选择不同自然花期品种进行生产，在无自然花期品种可用的季节，则以人工控制花期加以补充，从而达到切花菊周年供应市场的目的。

（一）切花秋菊的栽培技术与周年供应

1. 切花秋菊的栽培技术：切花秋菊也是在露地栽培，其栽培技术与正常栽培大致相同，但有以下几方面的特点：

（1）种苗繁殖：切花秋菊的种苗繁殖常采用扦插和组织培养两种方法，传统的分株法在切花秋菊的生产中很少采用。

（2）土壤耕作：由于切花秋菊为露地栽培，因而土壤耕作比盆菊更为严格。切花秋菊应选地势高、土层深厚、含腐殖质、排水良好的砂壤土，pH 值 6.5～7.0 为宜。整地前施足底肥，每平方米施用腐熟堆肥 4 千克、腐熟垃圾 4 千克、复合肥 0.3 千克、草木灰 0.06 千克。深耕耙平作畦，北方一般作平畦，南方多雨作高畦。

（3）定植：标准大花品种定植密度为 12 厘米×12 厘米，中花品种为 9 厘米×9 厘米，多花品种为 18 厘米×18 厘米。

（4）田间管理：切花秋菊对田间管理要求严格，菊花定植后要及时进行浇水施肥、中耕除草等工作，使土壤疏松，空气流通。待菊花封行，须根布满土层后，则停止中耕。在水肥管理方面，由于切花菊要求株高花大，枝挺叶肥，应适时供应水肥，充分满足植物生长发育需要。

（5）摘心：摘心与否取决于单株培养枝数及采花时间。通过摘心可培养 2～4 枝切花，推迟 2～3 周采花期。摘心可于株高 10 厘米时进行，留 2～4 叶（芽），以备日后培养成 2～4 枝切花，多花品种的摘心在定植后 1 个月左右进行。

（6）张网：切花菊要求株高挺直，因此切花菊栽培要采取防倒伏措施。目前用于切花生产的支撑网有两种，一种是用粗线或尼龙绳编成网，使用时在栽培床或畦的两端及中间装上“n”形铁架，将网挂在铁架上，水平拉紧，使所有的网孔都充分张开，当菊株长至 30 厘米左右时，将网张开，使菊枝伸入网眼中，随着菊株长高，逐步提高网的高度。另一种支撑网是塑料的方格网，两端有铁杆，安装时将网拉紧，挂在栽培床和畦两端的铁杆上，一般是在小苗定植时就把网贴近地面拉好，随着菊株生长，可将网不断向上提升，这样可以一直保证枝条在网眼中生长。此法节省劳力，又避免传统的支柱绑扎对菊叶的损伤。

2. 秋菊短日照处理的促成栽培（8～10 月供花）：8～10

月供花的栽培过程是，根据秋菊短日照处理特点，采取从 3～5 月运用分期育苗与短日照处理措施，使秋菊达到 8 月至 10 月供花的要求。

8 月上市的菊花，一般 3 月份在温室内扦插育苗，室温 18℃～22℃，4 月上旬定植，5 月上旬开始短日照处理。

9 月上市的菊花，一般在 4 月下旬大棚扦插育苗，5 月上旬定植，6 月中旬开始短日照处理。

10 月上市的菊花，5 月中旬露地扦插，6 月中旬定植，7 月初开始短日照处理。短日照处理一般在长出 10 数片真叶后开始进行，遮光处理的时数为每天 14 小时，一般在下午 5 时开始遮光，次日清晨 7 时结束。短日照处理期间，遮光后不能露光，也不能间断遮光。从开始短日照处理到开花，时间是不同的，依品种而定，一般为 56～80 天。在花蕾现色时停止短日照处理。遮光材料为黑色塑料膜或用外黑内红的双层棉布，遮光处理期间仍应进行正常的栽培管理。

3. 秋菊补充光照的抑制栽培（12 月～次年 4 月供花）：要使菊花在 12 月至次年 4 月开花供应市场，生长条件与常规栽培有很大不同。首先要有完备的加温和保温设施，满足秋菊生长发育各阶段所需温度。其次是用中断黑夜的办法，在午夜后补充光照，将长夜分成两个短夜。因花芽分化需连续 8 小时以上的暗期，若打断此暗期，就可以抑制花芽分化与开花。在开花前 56～80 天，又要停止补充光照，使菊花在自然短日照的条件下进行花芽分化和现蕾开花，再加上水肥管理等工作，才能达到 5 个月供花的要求。

12 月至次年 1 月供花的菊花，于 6 月下旬在防雨苗床中扦插，7 月中旬定植，8 月中旬补充光照，10 月上旬停止补光，并加强保温设施。

1～2 月开花的菊花，7 月上中旬在防雨苗床中扦插，7 月中旬至 8 月初定植，8 月中下旬开始补光，10 月中旬停止补光，并加强保温设施。

3～4 月间供花的菊花，7 月下旬在防雨苗床中扦插，8 月下旬定植后，开始补光，1 月间停止补光。

抑制栽培的品种应选用晚熟品种，并采用补充光照的方法。如用连续光照，补光时间常于夜间 10 时以后，加光 3～4 小时，光照度为 80～110 勒克斯，即在 120 厘米宽的畦上，离植株 80 厘米上方装一排 60 瓦的白炽灯，灯应加装灯罩，随植株的生长，调节灯的高度。灯距一般为 180 厘米。间歇补光法一般用计时继电器控制电源，每天在夜晚 10 时至次日晨 4 时期间，每隔 30 分钟补光 5 分钟，可节约大量电力，与连续补光 4 小时有同样的效果。但这种方法只适于光敏品种。

4. 抑制促成配合栽培（5～7 月供花）：5～7 月供花与秋菊需要的温度由高到低、日照由长到短的条件正好相反，因而栽培的措施也应抑制促成配合进行。

5 月间供花的菊花，应在 12 月上旬温室扦插育苗，1 月间温室定植后加光，3 月开始短日照处理，待花蕾现色后停止遮光。

需 6 月间开花的菊花，12 月中旬温室扦插育苗，次年 1 月间定植后加光，4 月间进行短日照处理，待花蕾现色后停止遮光。

需 7 月间开花的菊花，2 月间温室育苗，3 月大棚定植后加光，5 月间遮光，待花蕾现色后停止遮光。

（二）采用不同花期的品种达到周年供应

采用不同花期的品种进行周年供应，就是指不对某些菊花品种进行人工遮光或补光处理，只根据品种的生物学特性分期进行栽培，从而使菊花在自然条件下周年开花。这种栽培的最大特点是，能在适宜的季节进行大面积的露地生产，在自然条件下开花，花的质量较高，且节省因补光、遮光所需的各种设备、能源和管理人工，可大大降低生产成本，获得较好的经济效益。

1. 寒菊栽培（12 月～次年 2 月开花）：这类切花品种我国很少，寒菊对短日照要求严格，耐寒性强，一般在 6～7 月扦插育苗，25 天后苗成活，进行露地栽培，11 月下旬至 12 月上旬移至大棚中，保持 5℃以上温度即可陆续开花。

2. 春菊栽培（4 月下旬～5 月开花）：我国切花春菊品种也很少，且多为小菊品种。春菊栽培多在 9～10 月间扦插或分株繁殖育苗，成活后栽于盆中，11 月底天冷后移至大棚或温室内养护，小菊经几次摘心，至 4 月下旬到 5 月上旬开花供应市场。

3. 夏菊栽培（5 月～8 月初开花）：夏菊品种都是低温春化型。在 12 月至次年 2 月间挖取脚芽在温室扦插，生根后温度控制在 3℃～7℃，经 3～4 周低温春化，而后在温室或大棚内保持 10℃～15℃的温度及充足的日光条件，进行花芽分化。最后在每日 12 小时的日照下，花蕾发育形成，5～7 月间开花。

（三）切花菊采后处理及保鲜

标准型菊花花开 6～7 成时剪收；多头型菊花，当主枝上的花盛开，侧枝上有 3 朵花透色时采收。剪花时间，如在当地销售时，可在晨露消失或傍晚剪收，这时植株内水分充足，剪收后保鲜时间长。如果远销，则宜在中午前后植株枝叶水分少、叶片柔软时剪收，以免包装时损伤叶片。剪枝部位在离地面 10 厘米处。摘去花枝下部 1/3 的叶片。剪收后应立即运至阴凉处，堆放在塑料膜上，使花枝温度迅速降低，然后进行分级包装，每 10～12 枝扎成一束，用尼龙网或塑料膜包好花头后装箱。箱内温度保持 2℃～4℃，相对湿度 90%以上，箱与箱之间应保持距离，以保证空气流通，光照度不能大于 1000 勒克斯。如用液体贮藏，单花品种保鲜液成分为 3%蔗糖＋0.25 毫克/升 8-羟基喹啉柠檬酸盐＋0.5 毫克/升硝酸银＋2 毫克/升硫代硫酸钠。多花品种的保鲜液成分为 3.5%蔗糖＋0.25 毫克/升硝酸银＋0.75 毫克/升柠檬酸。

二、月季的周年生产

从理论上讲，切花月季可四季开花，对日照长度无特殊要求，也不需要低温春化，但当环境条件不好，如太冷、太热、干旱等，就会强制休眠而停止开花。切花月季的栽培生产方式为露地栽培和温室地栽，一般定植一次，可产花5～6年。

(一) 栽培技术

1. 种苗繁育：在切花生产中，种苗生产基本上是通过芽接的方法，有时也用组织培养的方法。扦插方法在月季生产中多用于生产接芽。

2. 定植与养护：月季定植的最佳时期为5～6月，密度为9～10株/平方米。切花月季养分消耗很大，需要大量补充养分。首先要施腐熟过的基肥，基肥应深埋畦下，以防新长出的幼根接触到肥料而产生烂根现象。养苗期氮肥比例适当多一些，产花期磷肥比例适当多些。每年种植地里施用一定量的有机肥（包括腐熟的落叶肥和麦秆、稻草等腐熟的草肥）。增加室内二氧化碳浓度也是提高月季产量和质量的重要途径，简单易行的方法就是在畦面上铺一层5～10厘米厚的稻草，并保持其湿润。这一措施在早春或冬季实行，既有利于提高地温，稻草也可释放二氧化碳气体。

3. 温度与光照：大多数切花月季在温室内栽培，最适温度为夜间15℃～16℃，白天21℃～25℃，当温室温度高于22℃时应注意适当通风，以利于病害的控制。在夏季温室栽培的月季，由于强光伴随高温，应进行遮阳。但长时间日光不足也会造成盲枝增加，影响花产量。因此，在温室内都应装有备用光源，以便在阴天时进行人工补光。

4. 修剪：近几年，月季切花生产中又推广一种新的修剪方法——折枝法。基本原理是将生长初期不能产花而需要剪掉的枝条通过弯曲加以保留，作为营养枝辅养整个植株。此方法最大限度地保留了叶片数量，增加了同化营养叶面积，使月季始终处于最佳的营养状态而得到持续稳定的生长，并可明显地提高切花产量和品质。折枝主要在两个时期采用，即定植初期和夏季休眠以前。定植初期是折枝栽培的关键时期，折枝在新萌发的枝条长至25厘米时进行，并及时摘除花蕾，否则，花蕾的发育会限制芽的萌发，造成切花期延后。夏季休眠前折枝，主要是利用此时切花售价低、利润小的时机对株形进行必要的修整，来降低主枝高度并对位置不当的枝条作适当修剪。折枝部位在靠近枝条基部1～2厘米处，枝条向两侧弯折，弯折角度应大于90°（120°～140°），折断木质部，但不折断韧皮部，使水分较少地运往折断的枝条，而这些枝条上的叶子所产生的光合作用产物仍可通过韧皮部运往整个植株，有利于整个营养体的生长，并且使开花母枝有更多的光照和空间，有利于提早开花和提高栽培初期的切花质量。

（二）采收与保鲜

剪取花枝的部位直接影响到整体植株的生长和下一茬花的质量。采花时在考虑切花质量的同时，应尽量为下茬花创造较好条件。一般光照不足时，从花枝基部向上数2～3片叶切取，而光照充足时，可只留一片叶。有时花枝较短，可从开花母枝上将整个花枝剪下，但这样会使下茬花枝萌发较慢。在正常生产中，月季的高度随不断采花而增高，每采一茬花，高度大约增加5厘米以上。为了避免植株高度增加过多，每年应在花价较低季节对月季进行较重修剪，以降低植株高度。通常修剪的方法有两种：一种是在3月下旬至5月中旬这段时间内，随着每次剪花，将部分枝条高度向下剪去十几厘米，这样反复几次，可使整个植株回降至约60厘米。另一种是在5月中旬至盛夏到来之前，进行一次重修剪。如果是第一年产花的植株。则剪至约50厘米高，植株株龄增加一年，植枝的高度可增加10～15厘米。

切花月季的采收时间，大多数红色、粉红色品种当最外层的两片花瓣展开时，即可采收。而黄色品种可比红色、粉红色品种略早。白色品种采收时间比其他品种都要迟一些。采花最好在清晨进行，花枝采下立即插入盛有半桶清水的塑料桶内，水中放入0.8毫升/升的杀菌剂（如百菌清等），然后进行分级和包装。级别以月季花枝的长度确定，通常60厘米以上的为特级花，55～59厘米为一级花，50～55厘米为二级花，40～49厘米力三级花。包装时10～12枝为一扎，捆好后用塑料膜套好后迅速插入水桶中，移至冷藏库。冷藏库温度应保持在1℃左右。在冷藏期间，应将花枝浸在含有保鲜剂的冷水中。通常保鲜剂用200毫克/升8-羟基喹啉柠檬酸盐＋2～5克/升蔗糖，或用25毫克/升硝酸银＋75毫克/升柠檬酸＋2～5克/升蔗糖溶液进行催花，可延长切花贮藏期21～28天。用30毫克/升硫代硫酸银＋5克/升蔗糖，或用50毫克/升硝酸银＋150毫克/升柠檬酸＋5克/升蔗糖溶液处理20小时，或在1毫克/升细胞分裂素溶液浸花枝基部24小时，或用1000毫克/升的硝酸银溶液处理10分钟，或用30毫克/升硝酸银＋75毫克/升柠檬酸＋1～5毫克/升细胞分裂素＋2～5克/升蔗糖混合液处理，可延长贮藏保鲜期；花枝基部在1200～4800毫克/升硝酸银溶液浸5～10秒钟，延长保鲜期8～10天。

三、香石竹的周年生产

香石竹为多年生草本植物，但在切花生产中作一、二年生栽培。露地栽培的主要花期在5～6月和9～10月，温室或保护地栽培的香石竹给予适合生长的环境条件，则可达到全年开花。

（一）栽培技术

1. 繁殖：香石竹易受病毒感染，切花香石竹一般用组织培养法去除病毒，获得脱毒苗，然后再用扦插法繁殖。温室扦插最适季节为1～3月份，露地可在8月份以后进行阳畦扦插。

2. 定植与养护管理：切花香石竹定植密度通常为20厘米×20厘米，定植深度为3～5厘米，以香石竹幼苗能直立为宜。深植易发生茎腐病。香石竹以滴灌浇水为宜，肥料可随灌水一同加入。要施足基肥，追肥要淡而勤。定植后，幼苗易倒伏，特别是在侧枝开始生长后，整个植株张开，花茎易弯曲，应提早张网，使茎正常发育。一般张3～4层网，苗高10厘米时，张第一层网，网床距床面15厘米；第二层网距第一层网20厘米；第三层网距第二层网20厘米。

3. 摘心：定植后4～6周，侧枝长至5厘米长时即可摘心。越接近下部，侧枝生长活力越强，通常从茎部以下第六节摘去茎尖。有四种摘心方法，摘心方法的不同可影响切花产量和采收时间。

（1）单摘心：摘去顶芽，使下部4～5对侧芽几乎同时生长，同时开花，此摘心方法可在较短时间内同时收获大量切花。

（2）一次半摘心：摘去顶芽，侧枝伸长后，从所有侧芽中选半数较长者再摘心。这种摘心方法可降低第一茬花产量，但各茬花产量较均匀，可延长采花时间。

（3）双摘心：摘除顶芽，侧枝生长后再摘除所有侧枝的顶芽。这种摘心方法可使第一茬花产量大而集中。此方法主要为了推迟采花期。

（4）单摘心与打梢：扫除顶芽，侧枝伸长超过正常的该摘心的长度时，去除较长的枝梢，打梢需持续进行2个月左右。这种摘心方法可降低第一茬花产量，使第一年中产花量平稳，可与双摘心一样提高产量，但在生产上要求高光照条件下采用。

摘心的具体方法是：一手握住苗基部，另一手从基部第六节处揪住中心叶，拔取生长点，应注意不能拔掉中心叶而留下生长点。

4. 摘芽和摘蕾：这是香石竹栽培中一项持续且费工多的操作。除产花侧枝外，其余侧枝应及早摘除；茎顶端花蕾留下位置适中且发育良好的一个，其余全部摘除。摘芽及摘蕾应用手掐住芽或蕾向下作圆弧旋转将其剥掉，而不可向下直拉，否则容易损伤茎叶，导致以后花茎弯曲。

5. 温度和光照：这两个因素对切花香石竹质量影响很大，光是影响花产量的主要因素。

在香石竹切花生产中，冬季保温，夏季降温是一项重要工作。夏季中午温度高时，应用遮阳网轻度遮阳，避免阳光灼射，同时应结合喷雾，补充叶片失水，并加强通风，为香石竹提供良好的人工小气候环境。冬季在花芽发育期间应防止环境温度低于 10℃，否则，会造成畸形大头花和裂萼。香石竹适于生长在温度变化缓和的环境下，冬季温室通风时，冷空气应缓慢引入，还应控制昼夜温差，使昼夜温差保持在 10℃以内，白天温度控制在 20℃左右，夜间温度控制在 13℃左右。在花芽分化期间如日照时间不够时，应补充光照，白天加长光照至 16 小时，或晚上 10 时到凌晨 2 时用光来打断黑夜，或全夜用低光强度光照。这样对香石竹的营养生长，促进花芽分化，提高花产量有较好的效果。

（二）香石竹切花生产的栽培日程

为了达到周年均衡供花，除控制定植时间外，还需配合摘心处理。调节香石竹开花高峰。

1. 4～5 月定植。这是采用最多的定植时间，一般进行一次半摘心。7 月始花，为一级枝开的花，8～9 月为二级枝开的花，如此进行，并注意冬季管理，就能保持一定的产花量。如进行二次摘心，则第一批花集中在 10～11 月上市，并可延续到元旦，到次年 4～5 月又有一次产花高峰。

2. 2 月定植。进行一次摘心，6 月底始花，第一次开花高峰在7月，第二批在元旦、春节上市，次年5～6月第三批花上市，可延至7月初。

3. 3月定植。选用夏季品种，不进行摘心，6月中旬开花，一般在一个月内采花结束。第二批花在国庆节上市。第三批花在次年3～4月收获。

4. 6月上旬定植。主要满足春节供花，种植后经过两次摘心，入冬后加强温度管理，元旦期间即可有大量鲜花上市。第二批在5月的第二个星期日“母亲节”前后上市。

5. 9月上旬定植。选择夏季品种，进行一次摘心，次年4～5月为产花高峰。由于品种耐高温，7～8月仍有优质花供应上市。

（三）采收与保鲜

大花型香石竹可在花蕾即将绽开时采收。多花型香石竹应在两朵花已开放，其余花蕾透色时采收。采收时间应在每日下午1时至4时。此时香石竹体内糖类含量最高，此期间采收可最大限度地延长切花寿命。花采下之后，应放在清洁的水或保鲜液中，冷藏温度在0.5℃～0℃．相对湿度90%～94%。采下的香石竹对光不敏感，可在自然光下贮藏，但香石竹对乙烯敏感。因此花枝应插在含有乙烯抑制剂的保鲜液中贮藏。保鲜液可采用200毫克/升 8-羟基喹啉柠檬酸盐＋25毫克/升硝酸银＋7克/升蔗糖混合液，或用200毫克/升 8-羟基喹啉柠檬酸盐＋20～50毫克/升细胞分裂素＋5克/升蔗糖混合液，或用200毫克/升 8-羟基喹啉柠檬酸盐＋500毫克/升比久＋5克/升蔗糖混合液等，保鲜期可达1～2个月。为了延长香石竹切花瓶插期，延缓衰老，保鲜液可用200毫克/升 8-羟基喹啉柠檬酸盐＋50毫克/升乙酸银＋5克/升蔗糖，或用200毫克/升8-羟基喹啉柠檬酸盐＋100～500毫克/升比久＋7克/升蔗糖混合液；贮藏期间可用50毫克/升柠檬酸＋2克/升蔗糖混合液处理，贮藏时间可达7～10天；或用300毫克/升 8-羟基喹啉柠檬酸盐＋

100毫克/升苯甲酸钠+5克/升蔗糖混合液处理，紧蕾期采收贮藏期可达25～30天，松蕾期采收贮藏期可达50～60天。

切花分级后每25枝捆成一捆，这样可减少运输中花的损伤。在运输过程中应抽去包装箱内的空气，抑制花枝的有氧呼吸所产生的乙烯。

四、唐菖蒲的周年生产

切花唐菖蒲的生产在江南地区可周年露地栽培，在北方地区则必须有保护地条件才能完成周年生产。其切花栽培技术与常规栽培差别不大，但有几个值得注意的问题。

（一）栽培技术

1. 繁殖：切花唐菖蒲所用球茎，以分球繁殖为主，大多数是消耗性栽培，特别是促成和抑制栽培的种球，通常在春天植球的大田栽培中，更新球茎除可再次作生产种植用外，还需大量利用子球培养成生产用种球，以供促成栽培用。唐菖蒲种球繁殖中存在的严重问题是品种混杂与品质退化。因此必须定期用组织培养方法培育脱毒复壮的新子球作繁殖用母球。

2. 光照：唐菖蒲是喜光植物。冬季生产时，特别是在花芽分化及以后的几周时间内，累计日照强度不得少于1.8万～2万勒克斯，否则“盲蕾”则显著增加。因此在温室内栽培应备有补光设备，可使用100瓦白炽灯泡，每8～10平方米装一盏，另外配置一台数字测光仪，每日上午10时后测室内光照度。或根据直觉，在10月下旬至次年1月这段时间内，如白天为阴天或多云时，光照度不足5000勒克斯，应开启补光系统，一般补8小时即可。

3. 通风：唐菖蒲喜温暖但不要闷热，最适宜温度为20℃～25℃。温度太高通风不良或温度太低都会引起“盲花”，植株不能正常生长发育。因此，冬季在保护地切花生产中，应特别注意室内温度，增加空气流通。温度达到26℃～27℃时，应打开通风口，但不可使温度变化剧烈，应逐渐放风。

4. 灌溉方式：应提倡使用喷灌或滴灌。夏季在温室内生产应使用喷灌，这样除了可以较好地保持土壤结构外，还可以在日照强烈时，用以降低室内温度，在气候干燥时增加室内湿度。但在冬季应使用滴灌，因为冬季保持室温是唐菖蒲开花的关键，而喷灌吸收很多热量，致使采暖系统负荷太重。

（二）淡季生产

唐菖蒲切花的周年生产重点在于从10月份到第二年5月份的生产，这一时期市场切花紧缺，花价高，且生产难度大，技术要求高。

若10～12月产花，需7～9月定植，这一时期气温较高，且为多雨季节，因此重点是防止球茎感病。通常可采用两种措施：一是地面铺稻草或稻壳等隔热材料以降低地面温度；二是拉遮阳网降低空气温度，以减少感病机会，一般9月中旬即可撤去遮阳网。

7月份定植用的球茎，主要用在阴凉通风的室内贮藏的已经打破休眠的球茎。但在8～9月中旬定植用的球茎，则需贮藏在5℃左右的冷库里，至定植前几天取出，并挑出感病的球茎，或用50%多菌灵500倍液浸泡30分钟，再用50%福美双粉500倍液拌球茎后种植。

12月至次年3月开花的唐菖蒲，应在10～12月定植。尽量选择耐低温和低光照的品种，挑选饱满的大球，栽培密度较春夏季小，每平方米不多于40个球。

10月份定植用的球茎是采用人工打破休眠的新球茎。可用化学法打破休眠。方法是将在2℃～3℃冷藏至少一周的球茎放入密封容器，按每升容积4毫升的量，向容器中加入40%的乙烯利，容器在室温下放置3～4天，然后取出球茎定植。也可将球茎在3%乙烯利中浸泡3～4分钟，然后用密封容器在室温下封存24小时，取出后立即定植。

11月以后定植，可采用低温打破休眠的球茎。因为新球茎在7～8月挖出后，有3个月的自然休眠期，然后在自然低温下解除休眠才能栽种。

（三）采收与保鲜贮藏

当唐菖蒲最下面一朵花开放时即可采收，此时花茎向上有4～5朵小花已透色。剪花时应在植株上留2～3片叶，以利于更新球与子球的发育。花采收后立即竖直放入盛有清水及杀菌剂的塑料桶内，然后分级处理，10枝一束。在运出之前，可放在冷库内保持2℃～5℃。在包装和贮运时，一定要保持花枝竖直向上放置，若长时间平放，花穗顶端会向上弯曲，从而降低切花品质。

延长唐菖蒲瓶插期的瓶插液可用300毫克/升8-羟基喹啉柠檬酸盐＋4克/升蔗糖混合液。，或用150毫克/升硼酸＋100毫克/升氯化钴＋4克/升蔗糖混合液，或用50毫克/升硝酸银＋300毫克/升8-羟基喹啉柠檬酸盐＋5克/升蔗糖混合液，或用250毫克/升8-羟基喹啉柠檬酸盐＋50毫克/升硝酸银＋500毫克/升柠檬酸＋10毫克/升矮壮素＋2克/升蔗糖混合液。还可用100毫克/升苯甲酸钠＋3克/升蔗糖混合液。切花贮藏保鲜期可达7～10天。

五、非洲菊的周年生产

非洲菊生产的最适温度是23℃左右，白天15℃～30℃，夜间5℃以上。只要保持合适的温度，非洲菊一年四季都可开花，不需要特殊的处理手段。但应注意夏季遮阳，冬季保温。

（一）栽培技术

非洲菊的繁殖方法多采用分株繁殖和组织培养繁殖。非洲菊产花能力以新苗定植后第二年最强，以后逐渐衰退。因此最好在栽培3年后更换新苗。

非洲菊定植密度一般为株距30～40厘米，行距40～50厘米。定植时间以春秋季为宜。苗期浇水要适当控制，促使其蹲苗。苗期过后给予充足的水分。非洲菊在花期浇水时勿使叶丛中心着水，否则会引起花芽腐烂。当叶片过度茂密时，将植株外层老叶摘除，以改善光照和通风条件，减少病虫害的发生，促进新叶和花芽的生长。

切花非洲菊花头大、叶多，在生长期间需消耗大量养分，这就要求补施一些肥料作追肥。追肥应少量勤施，根据开花情况约两周追肥一次，以速效肥为主，氮磷钾兼施，切忌偏施氮肥。开花旺季过后，注意补追有机肥。

（二）采收与保鲜

切取花枝最适宜的时间为管状花（花心）开2～3圈为宜。采收时，只要旋转花茎基部即可，不需用刀切。要在最短的时间内由茎基往上剪2～3厘米，并马上插入0.02毫克/升的漂白粉水中处理3～5小时，然后进行分级包袋。利用25个孔洞的纸板排放花茎。孔洞位置的设定，可调整花茎排放的空间。包装后若不立即出售，可将纸板吊在含漂白粉溶液的水槽中，避免感染。因为非洲菊对脏水敏感，一旦被细菌感染或气泡阻塞输水系统就很容易发生因失水而折颈的现象。

花期保鲜瓶插液可用20毫克/升硝酸银＋150毫克/升柠檬酸＋50毫克/升磷酸氢二钠＋3克/升蔗糖，或用200毫克/升硝酸银＋3克/升蔗糖混合液处理，贮藏保鲜期可达7～10天。

六、霞草（满天星）的周年生产

霞草为多年生植物，其切花常作一年生栽培。温度和光照是控制花期、完成周年生产的主要因素。

（一）栽培技术

1. 常规管理

霞草常以组培方法繁殖无毒苗，再进行扦插获得采穗母株。一般定植株距为35～50厘米，行距为60厘米，定植一个月以后，苗长至7～8对叶片时进行摘心。若使其早开花，则只摘心一次。若要增加每株枝数，则在第一次摘心侧枝伸长后，对较长者再进行摘心。春季采收的以每株摘心后留7个侧芽为宜，秋冬季采收的以每株摘心后留3～5个侧芽为宜。当株高15厘米时，开始搭第一层支撑网，网高距地面25厘米。株高30厘米时，搭第二层网，网高距地面40～45厘米。灌溉以滴灌为宜，可防止因积水引起的根腐病。

2. 温度和光照

霞草既怕热又怕冷，生长适温为15℃～25℃。温度达30℃以上或10℃以下时，均易引起叶的莲座状丛生，只长叶不开花。花芽分化阶段夜温不宜高于22℃，否则会导致花畸形。霞草为长日照植物，所需光照每日为16小时，当自然光照不足16小时时，应人工补光。具体做法是，在距植株60～80厘米高处，挂100瓦白炽灯，约13平方米一盏，自深夜至凌晨照明3～4小时。这种补光措施通常是10月下旬至次年3月下旬去除防寒蒲席后，自然光照能达到霞草所需长度时为止。

（二）霞草周年生产日程

霞草幼苗需经过春化才能开花。春化过程可在自然低温（冬季）或人工低温下完成。人工处理时将生根插条在1℃～2℃下贮放30～40天即可，处理后的插条从定植至开花只需70天左右。

霞草的栽培可按一次开花和二次开花分类。

一次开花型分：①露地栽培，9月下旬定植，经冬季自然低温，次年6月至8月上旬采收。②温室促成栽培，9月上旬定植，10月上旬人工补光，12月下旬开始加温，12月中旬至次年3月中旬采收。

二次开花类型又分：①7月下旬至8月上旬定植，8月上旬至中旬摘心，9 月中旬开始补光，10 月下旬至 11 月上旬采收第一茬花。采收后，将残花修剪掉，老株在 15℃以上及长日照条件下栽培，次年 4～5 月采收第二茬花；②采收完第一茬花后，将老株暴露于自然低温下，至次年 1 月下旬，再加温至 15℃以上，5 月采收第二茬花。

（三）采收与保鲜

当花枝上花朵有 1/3 开放时即可采收。花枝长度以 70 厘米以上为宜。促进满天星切花开花，可用 300 毫克/升硫代硫酸钠＋10 克/升蔗糖混合液处理；瓶插保鲜液可用 25 毫克/升硝酸银＋5～10 克/升蔗糖混合液，或用 200 毫克/升 8-羟基喹啉柠檬酸盐＋2 克/升蔗糖混合液处理，保鲜期可延长 3～4 天。

七、百合的周年生产

百合的自然花期为春季和夏季。采用促成栽培的方法生产百合，则可做到周年产花。

（一）栽培技术

1. 百合的促成栽培：百合切花的周年生产需对种球进行人工温度处理，然后栽植。一般促成栽培是利用自然花期开花后 50 天的地下鳞茎。7～8 月份开花的百合，9 月鳞茎从地下挖出，并保证鳞茎根部不受损伤。先对鳞茎进行消毒，可在甲氧乙氯汞 800～1000 倍溶液中浸泡 30 分钟，然后用清水洗净，随即进行温度处理，先用 30℃～35℃处理 6～8 天，然后再进行 4℃～5℃6 周的冷处理。经过上述温度处理后，便可定植。

对于 4～5 月份开花的百合，新的鳞茎在地下生长阶段（6～7月）已经受了自然高温，所以挖出后，直接放入低温环境中处理一段时间，便可栽种。如 6 月下旬挖出种球，经过挑选后，直接放入冷室内，在 5℃～10℃低温下贮藏至 8 月下旬至 9 月上旬，然后取出种球，定植于温室，到 11 月下旬至次年1月上旬即可正常开花。如欲在次年4月连续生产百合，可将种球一直贮存于低温环境里，陆续取出，陆续定植。只要定植时间不超过1月份就可正常开花。这里必须指出，对于成熟百合的正常开花，高温休眠和低温打破休眠是必要的条件，二者缺一不可，这是由百合的遗传性决定的。

2. 温度和光照：温度和光照是百合周年生产的重要条件。在定植后的4～6周，夜温需限制在12℃～13℃，不可超过15℃，否则会使生长质量下降。白天室温应保持在20℃～25℃。昼夜温差控制在10℃左右，冬季生产百合，温室内应安装补光设备，以备阴雨天开启。对有些百合品种，补光可提供人工长日照，以促其提前开花。因此，补光对百合有双重作用。补光灯用白炽灯，每平方米20瓦，进行人工长日照时，在天亮前或天黑后补光，使日照长度达16小时。

（二）采收与保鲜

百合切花应在有2～3个花蕾透色后再采收。过早采收将导致花开放不好，且影响花色。但过迟采收会给采后的处理包装带来困难。对已开放的花朵要剪掉，以防开放后的花朵释放乙烯，对以后贮运不利，同时花粉散出污染花瓣，会影响花的商品价值。采收宜在上午10时前进行，剪下的百合花枝应尽快拿出温室，并插入含杀菌剂的预冷清水中（2℃～5℃）。在百合包装成束以前，应剥去下部10厘米茎秆上的叶片，按照每枝的花朵数分好10枝一束，将花蕾朝上，用包装纸包好，装入纸板箱即可贮运。百合在3℃～4℃条件下可贮藏1周。其瓶插保鲜液为200毫克/升8-羟基喹啉柠檬酸盐＋3克/升蔗糖。

八、郁金香的周年生产

在自然条件下，北京地区郁金香9月下旬至10月上旬定植在露地。经历冬季的低温之后，开春随着气温升高自然萌发，于4月上旬开花，在局部小气候好的地区，于3月中下旬开花。要使郁金香进行周年生产，需对郁金香进行促成栽培。即通过对种球的变温处理，打破花原基和叶原基的休眠，消除抑制花芽萌发的因素，促使郁金香适时进行花芽分化，使其在非自然花期开花。

（一）栽培技术

1. 郁金香的促成栽培：郁金香促成栽培的变温处理，其鳞茎需经历一段时间的中间温度。在此期间进行正常的花芽分化与器官形成，一般为17℃～20℃，依品种不同，持续时间2～7周不等，然后进行鳞茎的冷处理。冷处理的方法有两种：一种是将干鳞茎置于2℃～5℃的环境中，经过一定时间，取出定植于温室中。冷处理时间，晚花品种需8～12周，早花品种需5～6周。另一种方法是将未经处理或经受了部分冷处理的鳞茎种植于栽植箱中，使其在温室内接受9℃的低温，从9℃逐渐降低至1℃～3℃，这种低温至少持续6周。

2. 促成栽培后的管理：定植之前，应仔细挑出感病鳞茎，并小心剥去鳞茎上的褐色表皮。定植深度以球顶部微露为宜。种植密度为12厘米×12厘米。定植前应尽量降低土温，控制软腐病的发生。常用的方法有温室加遮阳网并加强通风，土表加覆盖物，减少太阳辐射。定植前后均进行喷灌。

（二）郁金香周年生产的日程安排

1. 10月开花：一般上年11月中旬，将鳞茎种植在栽植箱内，并置于9℃条件下，3～4周以后，鳞茎已生根，此时将温度降至零下1.5℃～零下2℃，这样的冷藏条件一直保持到第二年9月中旬，然后逐步将温度提高，至9月底时提高到18℃，即可于10月开花。11月开花的郁金香栽植和其他处理时间均推后一个月。

2. 12月开花：经过中间温度处理后，于8月至9月中下旬进行5℃的冷处理，然后定植于温室，12月份开花。

3. 1、2、3 月开花：要在这几个月开花的郁金香，应先将鳞茎进行 34℃高温处理 1 周，再经过中间温度处理最后进行冷处理，分别于 11 月中旬、12 月下旬、1 月下旬定植于温室，可分别于 1、2、3 月陆续开花收获。

（三）采收与保鲜

郁金香切花的采收应在花苞透色，但尚未展开之前。这样有利于在以后的贮藏及运输中保护花枝不受外伤，同时有利于延长切花的瓶插寿命。切花剪下后，立即扎捆成束并放入 5℃冷水中至少 30～60 分钟，在运出之前的冷藏期间，环境相对湿度应在 90％以上，温度保持 5℃。切下的花枝只能保持 3 天，若需延长贮藏期，则需带着鳞茎直立于桶中，温度在 1～5℃以下，运输上市前去掉鳞茎。郁金香扎捆的位置应在花茎下部 1/3 处，装箱时水平放置。

要防止郁金香切花花茎向光弯曲。瓶插液可用 25 毫克/升嘧啶醇溶液，或用 50～100 毫克/升嘧啶醇溶液喷洒切花；延缓衰老，延长保鲜期，可用 300 毫克/升 8-羟基喹啉柠檬酸盐＋50 毫克/升矮壮素＋5 克/升蔗糖混合液处理。

九、马蹄莲的周年生产

根据所在的地区，马蹄莲可在温室或室外周年栽培。在北半球气候适度的地区，在温室中它们可从 4 月 1 日到 12 月 1 日进行开花，在室外为 7 月 1 日到 10 月 1 日。在亚热带地区，周年生产需要温室和室外结合进行。在上述两个地区，以及根据特定的品种，需进行 30％的遮荫来增长植株的高度。

（一）栽培技术

1. 栽培条件与常规管理：对于切花生产来说，马蹄莲可以种植在任何类型的土壤中；如果在重壤土中，最好做畦或加高苗床进行种植。另外，土壤应当排水良好，最佳的 pH 值在 5～7。土壤中最好不含有致病菌，特别是丝核菌和腐霉菌。种植前，根据先前所做的土壤分析加入基肥，氮含量要低，钾含量要高。最佳的种植深度取决于块茎的大小，即最小的块茎顶部覆土 3 厘米，逐步到最大的块茎顶部覆土 9 厘米。种植时，块茎的位置应放置正确，即生长点向上。在温室中进行切花生产，最好使用大规格的块茎，特别是在秋季。这在块茎的价格和出花的数量上来说是比较合算的。每个苗床可种植 3～4 行，苗床长为 1 米，走道宽 35～45 厘米。除了每行直着种植外，最好进行“品”字形交错种植。在温室种植中，建议使用支撑网。

种植后立即用喷壶浇水，用此法直到新叶展开。浇水时，如果底部基质干燥，应把水浇透；如果潮湿，浇水应适度。注意浇水的原则应是少量多次。在最初的生长阶段，使用滴灌将每周的浇水限制在几次，直到第一张叶片完全发育。此后，适度浇水，用少量的水来保持植株干燥。最好是在早上浇水，同时应注意检查土壤中水分和根部发育之间的关系。

2. 温度与光照：在温室中，将土壤的温度保持在 15℃～18℃（越稳定越好），空气的最低温度为 15℃～16℃。温室的温度低，不仅会延长植株的生长时间，而且还会使茎增长。根据光照量，温室的温度可达到 20℃，甚至最高可达到 25℃（由于欧文氏杆菌的危险，土壤温度不能超过 20℃）。为提高茎干质量以及最佳的花数量，合适的光照强度是基本的要求，尤其在春季和秋季。在夏季，可遮去 30％的太阳光来防止土壤温度升高以及植株变矮。一旦植株达到可接受的高度，春、秋季温室中夜间的温度可降低至 16℃。这可减缓植株的生长并使橙色、红色和粉色品种佛焰苞的颜色增强。注意白天温室中的相对湿度不能低于 50％～60％，最好维持在 60％～75％。夜间相对湿度应在 75％～85％，以防止欧文氏杆菌的感染。马蹄莲的植株和块茎对霜冻都没有忍耐能力。

3. 开花所需天数：根据品种的不同，开花所需的天数（从种植到开花）春季在温室栽培约为 80～120 天；夏季室外栽培约为 40～70 天；秋季温室栽培约为 60～80 天。对于春季栽培的植株，在采花后继续让它们生长，并在秋季收获块茎。这样可使块茎能够有足够的大小供再次生产切花使用。然而，在夏季栽培的植株，其块茎不能发育到足够的大小，以供再次使用。当再次种植时，最好在最佳的种植阶段（4～5 月），可室外种植。

（二）采收与保鲜

当佛焰苞着色良好而且开始产生花粉 1 天后可以进行采收。采花的时间应为每天最凉爽的时候，而且植株不能潮湿。但植株本身应含有足够的水分，这样采收时会比较容易。要达到上述要求，应每隔 3～4 天给植株浇一次水，且在早上进行。在采收前应使植株干燥。彩色马蹄莲的采收是将花茎直接从块茎中拔出。采收后，将花放在盛有清水（可加入含氯的药片）的桶中，并在 6℃～8℃的储藏室中至少存放 1 个小时，直到准备扎束销售。

扎束后，将茎基部切齐并在含有 20 克糖、1 克异菌脲的溶液（只使用一次）中放置 4～12 小时，另外，每升溶液中加一片含氯药片。这是为了防止茎开裂和腐烂。注意，只能使用干净的容器。将储藏室的温度维持在 6℃～8℃。这些花储藏的时间越短越好，这是由于佛焰苞的颜色随着储藏时间的增长会逐步变绿。如要对花进行较长时间的储存，需重复将茎基部切除，而且每 2 天换一次水。花应总是竖直放置，以防止花的顶部上翘，最后变弯曲。在操作时应十分小心，以防止对花造成损伤。

在卖往批发商的运输途中，最好将花还是放置在加有含氯药片的水中，这些花的花瓶期可为 2 个星期。

十、鹤望兰的周年生产

（一）栽培技术

1. 繁殖：繁殖用播种法或分株法。播种前，先用灭菌清1000倍液浸种6～8小时。分株法是到5月，温度较高，侧芽长到5片叶时，即可分株。分株时，选择具5个芽以上的植株，将整个株丛挖起，轻轻掰去泥土，待能明显分辨根系走向后，再用利刃将株丛分开，新株至少保证5条根以确保成活，切口涂上草木灰防腐。

2. 常规管理与养护：鹤望兰根系粗壮发达，且垂直向下生长，所以应选择土壤肥沃，排水良好，地下水位低的疏松沙质土。pH值以6.5～7为佳。种植前，先将床地深翻，施入腐熟的猪粪、牛粪等，种植时间3～10月均可，但以4月为佳。因为此时气温较适宜，而且从5月份开始，是鹤望兰营养生产的旺盛期和花芽集中分化期，过迟种植会影响切花产量。种植时采用品字形法，植株行距为80厘米×50厘米；也可先密植，3～4年后再进行移栽。种植后浇足水，以后见干就浇，并经常进行叶面喷水，待半个月新根长出后进入正常的水肥管理。

鹤望兰具肥大肉质根系，能贮藏水分，耐旱力很强。浇水时应掌握夏季供水充足，做到间干间湿；冬季尽量少浇；春秋适当浇灌，梅雨季节要及时排水，避免秋水，否则会引起根部腐烂和枯死。另外，在夏季炎热，秋季干燥季节，应向叶面和四周洒水，以降温和增加空气湿度。

鹤望兰的修剪理论上为1叶1花，但实际生产上，不可能每片叶的花芽都分化好，并长出合格的花束。为了集中养分的供给，加强通风条件，减少病虫害，对已开过花的茎叶，或徒长叶、病叶、枯叶、断叶及没有结籽需要的花茎，均要及时修剪，剪口应尽量接近土面，以保证正常叶子的生长和花芽的形成。

鹤望兰对肥的要求属于中等，施肥重点是要施足基肥，保证它有较多的营养吸收。但每年4～6月，是鹤望兰的盛花期，则重点放在用尿素、硫酸铵、腐熟的人粪尿、磷酸二氢钾、过磷酸钙进行追肥。施肥宜淡勿浓，薄肥勤施，每2周1次。到11～12月，为了保证植株安全越冬。则要施用豆麸或畜禽干粪作过冬肥。

鹤望兰属亚热带长日照植物，喜欢阳光和温暖湿润的气候，炎夏需适当遮阴，防止日烧病，但遮阴时间不能太长，以免造成植株徒长，影响花的产量和质量。

3. 温度与湿度：生长适宜温度15℃～30℃，年平均相对湿度70%左右。当气温高于32℃时，便会发生日烧病，叶片发生焦枯、干枯现象。若持续40℃以上的高温，会导致生理障碍和花芽枯死。冬天，当气温降至13℃以下时，植株生长就会受到影响，叶子发生卷曲或变成焦褐色。为防止植株冻伤，11月～次年3月间需覆盖塑料薄膜，太冷时，可用2～3层薄膜覆盖。最低越冬温度不能低于5℃。

（二）采收与保鲜

当第一朵花露出苞片之外时即可剪取切花，采收太早则花朵无法开放，太晚则包装、运输时花瓣易受伤且花朵会很快凋萎，缩短了观赏期。采收时间一般为早晨或傍晚。促进蕾期开花和延缓衰老，可用250毫克/升8-羟基喹啉柠檬酸盐＋150毫克/升柠檬酸＋3克/升蔗糖，贮藏保鲜期可达6～8天。

第六章

花卉设施栽培的病虫害防治

花卉在不同的生长发育阶段，常会受到病虫的干扰，引起花卉生长发育受阻，从而出现多种异常症状，这既影响花卉的健康生长，又影响其观赏价值。特别是在温室、大棚等设施内栽培的植物，由于室内温度常年适宜，相对湿度高，空气不大流通，植物排列紧密，更有利于病虫的生存而造成危害。因此在花卉的栽培管理中，病虫害的防治是一项重要的工作，应给予足够的重视。

“预防为主，综合防治”是花卉病虫害防治的基本原则。预防为主是根据病虫发生规律，抓住薄弱环节和防治的最适宜时期，采取经济有效的措施，在病虫发生和蔓延之前将其控制。综合防治是从生产的全局和生态平衡的总体观念出发，有机地采取各种必要的防治措施。即以栽培技术防治为基础，根据病虫发生规律，因时、因地、因花卉种类，合理协调，应用生物、物理、化学等防治措施，经济、安全、有效地抑制病虫发生，将其危害减小到最低限度。

第一节 花卉病虫害防治的基本方法

一、加强花卉植物检疫

加强花卉植物检疫是防治病虫害的基本措施之一，也是实施“综合治理”措施的有力保证。随着经济全球化进程的加剧，花卉种苗及其产品的调运将更加频繁，许多危险性病虫害一旦处理不当，往往会造成较大的损失。如美洲斑潜蝇飞行能力有限，自然扩散能力弱，主要靠卵和幼虫寄主植物传播或随盆栽植物的土壤、交通工具等远距离传播。因此要进行严格检疫，一旦发现立即封锁、扑灭。

二、选育无病虫害种苗

1. 选用抗病虫品种。不同的花卉品种对于同一种病虫害的受害程度并不一致，如菊花品种中的“北京黄”、“巨山白”对白锈病表现为免疫。

2. 在无病虫圃地育苗。选取土壤疏松、排水良好、通风透光、无病虫危害的场所为育苗圃地。盆播育苗时应注意盆钵、基质的消毒，地播可通过适时播种、合理轮作、整地施肥以及中耕除草等方式加强养护管理，使苗齐、苗全、苗壮，无病虫危害。

3. 无病株采种（芽）。花卉植物的许多病害是通过种苗传播的，只有从健康母株上采种（芽），才能得到无病种苗，避免或减轻该类病害的发生。

4. 组培脱毒育苗。花卉植物中病毒病发生普遍而且严重，许多种苗都带有病毒，利用组培技术进行脱毒处理，对于防治病毒病十分有效。

5. 加强育苗管理。播种前严格对种子、种苗、种球进行检疫，及时采取药物消毒处理与温水浸泡相结合，以防种源带菌。搞好保护地的环境卫生工作，彻底清除残枝败叶和杂草，减少病虫栖息源。加强养护管理，花木种植或摆放时密度不宜过大，并及时通风、间苗，控制幼苗徒长，提高种苗的抗逆性，发现病株随时拔除。

三、加强栽培管理

1. 及时清除病虫害残体，及时摘除病枝，清除因病虫或其他原因致死的植株。园艺操作过程中应避免人为传染，如在切花、摘心、除草时要防止工具和人手对病菌的传带。除草要及时，许多杂草是病虫害的野生寄主（如酢浆草常常招致蜡虫危害），增加了病虫害的侵染来源，同时杂草丛生会提高周围环境的湿度，有利于病害的发生。

2. 合理轮作。连作往往会加重温室花卉病害的发生。如香石竹多年连作时，会加重镰刀菌枯萎病的发生，实行轮作可以减轻病害。轮作是古老而有效的防病措施，轮作植物须为非寄主植物。通过轮作，使土壤中的病原物因找不到食物饥饿而死，从而降低病原物的数量。

3. 加强肥水管理。合理的肥水管理不仅能使花卉植物健壮地生长，而且能增强花卉植物抵御病虫的能力。使用无机肥时要注意氮、磷、钾等营养成分的配合，防止施肥过量或出现缺素症。根据不同种类的花卉品种和习性，科学配合施肥，调节花卉的生长势，增强抗病虫的能力，促进花卉的健壮生长。

栽培营养土要在种植前暴晒处理，或用五氯硝基苯等药剂处理土壤，以防携带病菌和虫卵。同时，施用腐熟的有机肥，既有利于提高根际周围微生物的拮抗作用，又有利于减轻枯萎病、猝倒病的发生。

4. 改善环境条件。主要是指调节温室的光照、温度及湿度。花卉生长期间，要经常清扫温室棚膜上的灰尘，保持棚膜清洁，同时要早揭晚盖草苫，延长光照时间，以减轻病害。

5. 加强温室等保护地栽培管理，降低病虫害发生。包括苗木或植物材料的挑选、剔除和修剪带有病虫的枝叶，介质及操作工具的消毒，水源的清洁，花木摆放密度，环境及地面的清理等，通过各种栽培措施，能使有害生物种类减少 50%～

71.4%。高畦栽培，可以采用喷灌进行灌溉，过道覆盖农作物秸秆，可降低温室相对湿度，提高通风透光性能，减少发病的几率。

四、物理防治

1. 土壤覆盖薄膜。许多叶部病害的病原物是随病残体在土壤表面越冬的，在土壤覆盖薄膜可大幅度地减少叶部病害的发生。薄膜对病原物的传播起到了机械阻隔作用，而且覆膜后土壤温度、湿度提高，加速了病残体的腐烂，减少了侵染来源。

2. 纱网阻隔。将温室内栽培的花卉植物，采用 40～60 目的纱网覆罩，不仅可以隔绝蚜虫、叶蝉、粉虱、蓟马等害虫的危害，还能有效地减轻病毒病的侵染。

3. 色板诱杀。在温室等保护地，应用最多的物理防治法是色板诱杀，多用于防治小型害虫，也可兼作测报。其优点是方法简便、易于操作。使用时将黄板悬挂在距植株顶部高出 10～20 厘米处，黄板可垂直悬挂或卷成圆筒状。诱杀美洲斑潜蝇成虫，需用中黄色的色板。诱杀有翅蚜、温室白粉虱、蓟马、斑潜蝇成虫等害虫，用浅黄、中黄、柠檬黄三种色板，都有很好的效果。利用银灰色反光膜可驱除蚜虫，还可以利用银白锡纸反光的原理，拒栖迁飞的蚜虫。

4. 利用臭氧防治机灭菌。温室病虫害臭氧防治机是近几年新研制生产的无污染、无残留的灭菌消毒设备，主要用于预防和控制温室大棚气传病害。该机是以温室内的空气为原料，通过高压放电技术实现空气的臭氧化。由于臭氧的强氧化特性，达到一定浓度的臭氧化的空气可将温室内空气及植株表面的有害细菌、真菌、病毒等快速杀灭或钝化，可减少用药 70%～100%。

5. 种苗的热处理。有病虫害的花卉苗木可用热风处理，温度为 35℃～40℃，处理时间为 1～4 周；也可用 40℃～50℃

的温水处理，浸泡时间为 10～180 分钟。如唐菖蒲球茎在 55℃水中浸泡 30 分钟，可以防治镰刀菌干腐病；有根结线虫病的花卉在 45℃～65℃的温水中处理（先在 30℃～35℃的水中预热 30 分钟）可防病，处理时间为 30～120 分钟，处理后的植株用凉水淋洗。

种苗热处理的关键是温度和时间的控制，一般在休眠期间处理比较安全。对有病虫的花卉植物作热处理时，要事先进行试验。热处理时升温要缓慢，使之有个适应温热的锻炼过程。一般从 25℃开始，每 1 天升高 2℃，6～7 天后达到 37℃～40℃的处理温度。

6. 土壤的热处理。现代温室土壤热处理是使用热蒸汽（90℃～100℃），处理时间为 30 分钟。蒸汽处理可大幅度降低香石竹镰刀菌枯萎病、菊花枯萎病及地下害虫的发生程度。在发达国家，蒸汽热处理已成为常规管理。利用太阳能热处理土壤也是有效的措施。在 7～8 月将土壤摊平做垄，垄为南北向，浇水并覆盖塑料薄膜，在覆盖期间如保证有 10～15 天的晴天，耕层温度可高达 60℃～70℃，基本上能杀死土壤中的病原物。

7. 高温闷棚。温室建成后，选择晴天盖上棚膜，密闭闷棚 7～10 天，使室内温度提高到 60℃以上，以杀死土表及墙体上的病菌孢子及虫卵，从而减轻对花卉的侵染及危害。如果在高温闷棚时，结合硫磺粉、敌敌畏等药剂进行熏烟，则效果更佳。

五、生物防治

温室花卉病虫害生物防治，用得较多的是利用捕食性天敌（草蛉、瓢虫、食蚜蝇、蜘蛛等）、寄生性天敌（寄生蜂、寄生蝇等）、微生物农药（苏云金杆菌、白僵菌、核多角体病毒等）、各种抗生素（多抗霉素、米多霉素、链霉素、阿维菌素等）以及害虫性外激素等进行防治。生产实践表明，用 10%

浏阳霉素乳油防治截形叶螨，用阿维菌素生物农药、1%的7051杀虫乳油，防治二斑叶螨、美洲斑潜蝇、蚜虫、害螨等效果都很好。用斯氏线虫防治蔗扁蛾，也有一定效果。

在有条件的地方，应积极采用生物防治方法。在栖息生态良好的地方，蜜源、粉源和水源充足，有利于建立天敌群落，持续效果比较显著。捕食性天敌昆虫如红点唇瓢虫、日本方头甲、红环瓢虫、龟纹瓢虫等在捕食蚧虫、蚜虫等都能发挥抑制作用。

六、化学药剂防治

由于温室花卉生产有高温高湿的生态环境，极易造成病虫害的发生和流行，因此，对其进行药物防治时要突出“预防为主”的原则。实际生产中，应随时根据花卉的长势、生育期，结合气象预报预测某种病虫害将要发生时，提早喷药预防，同时，要做好病虫害的系统监测工作。

1. 用药原则。实施喷药防治时，应注意科学合理用药。要根据病虫害发生种类，选择适当农药防治。根据病虫害的发生危害规律，严格掌握最佳防治时间和最佳用量，做到适时适量用药。考虑到喷药防治的长远效果，做到交替使用农药，以延缓病虫的抗药性。

2. 常规喷药保护。温室花卉病虫害的化学防治应本着用药原则，对病虫采取定期交替喷布百菌清、甲基托布津、一帆菌克等杀菌剂和速灭杀丁、敌敌畏、螨蚧克等杀虫剂，一般每月喷施2～3次；也可在保护地中，傍晚闭棚时使用烟雾剂熏杀，此方法既省工、省事、分散均匀，又克服了喷雾不均等缺点。

3. 主要病害的化学防治措施。灰霉病：发病前或发病初期可用80%的代森锌可湿性粉剂500倍液、50%的扑海因可湿性粉剂800倍液或75%的百菌清可湿性粉剂600倍液进行喷雾，施药间隔期为 7 天左右。以上药剂皆为保护性杀菌剂，所以施药时应力求喷洒均匀和周到。

第二节 花卉病虫害的防治措施

一、花卉常见病害及成因

花卉在生长过程中，常遇到有害生物的侵染和不良环境的影响，使得其在生理上和外部形态上都发生一系列的病理变化，致使花卉的品质和产量下降，这种现象称为花卉病害。引起花卉发病的原因较多，主要是受到真菌、细菌、病毒、类菌质体、线虫、藻类、螨类和寄生性种子植物等有害生物的侵染及不良环境的影响所致。这些不同性质的原因引起的花卉病害，分别称为真菌病害、细菌病害、病毒病害、线虫病害及生理性病害（或称非侵染性病害）。

（一）真菌病害

真菌病害是由真菌引起的。真菌是一种没有叶绿素的低等生物，个体大小不一，多数要在显微镜下才能看清。真菌的发育分营养和繁殖两个阶段，菌丝为营养体，无性和有性孢子为繁殖体。它们主要借助风、雨、昆虫或花卉的种苗传播，通过花卉植物表皮的气孔、水孔、皮孔等自然孔口和各种伤口侵入体内，也可直接侵入无伤表皮。在生病部位上表现出白粉、锈粉、煤污、斑点、腐烂、枯萎、畸形等症状。主要有月季黑斑病、白粉病、菊花褐斑病、芍药红斑病、兰花炭疽病、玫瑰锈病、花卉幼苗立枯病等。

（二）细菌病害

细菌病害是由细菌引起的。细菌比真菌个体更小，是一类单细胞的低等生物，只有在显微镜下能观察到它们的形态。它们一般借助雨水、流水、昆虫、土壤、花卉的种苗和病株残体等传播。主要从植株体表气孔、皮孔、水孔、蜜腺和各种伤口侵入花卉体内，引起危害。表现为斑点、溃疡、萎蔫、畸形等症状。常见的细菌病害有樱花细菌性根癌病、碧桃细菌性穿孔病及鸢尾、仙客来细菌性软腐病。

（三）病毒病害

病毒病害是由病毒引起的。近年来，病毒病已上升到仅次于真菌性病害的地位，病毒是极微小的一类寄生物，它能为害多种名贵花卉，例如水仙、兰花、香石竹、百合、大丽花、郁金香、牡丹、芍药、菊花、唐菖蒲、非洲菊等。其症状有花叶黄化、卷叶、畸形、丛矮、坏死等。病毒主要通过刺吸式昆虫和嫁接、机械损伤等途径传播，甚至在修剪、切花、除草时，手和园艺工具上沾染的病毒汁液，都能起到传播作用。常见的有郁金香病毒病、仙客来病毒病、一串红花叶病毒病及菊花、大丽花病毒病等。

（四）线虫病害

线虫病害是由线虫寄生引起的。线虫属一种低等动物，身体很小。一般为细长的圆筒形，两端尖，形似人们所熟悉的蛔虫，少数种类的雌虫呈梨形。线虫头部口腔中有一矛状吻针，用以刺破植物细胞吸取汁液。线虫病害主要为害菊科、报春花科、蔷薇科、凤仙花科、秋海棠科等花卉。其主要病状是在寄主主根及侧根上产生大小不等的瘤状物。常见的有仙客来、凤仙花、牡丹、月季等花木的根结线虫病。

二、花卉主要病害的防治措施

（一）白粉病

1. 症状：叶片、枝条、花柄、花蕾、花芽及嫩梢等部分均能受害。发病初期，病部表面长出一层白色粉状霉层，即病菌无性世代的分生孢子。后期白色粉状霉层变为淡灰色，受害病叶或枝条上有黑色小粒点产生，即病菌的有性世代的子囊壳。被害植株矮小，不繁茂，叶子凹凸不平或卷曲，枝条发育畸形，不能开花或开花畸形。严重时，花少而小，叶片萎缩枯死，以致整株死亡，失去观赏价值。常见的花卉白粉病有月季白粉病、蔷薇白粉病、菊花白粉病和温室瓜叶菊白粉病等。

2. 发病规律：病菌以菌丝体或分生孢子在病残体、病芽上越冬。早春，分生孢子借助风、雨传播，侵染叶片和新梢。生长季节可发生多次重复侵染，以 4～6 月、9～10 月份发病较重。高温干燥，施氮肥偏多，过度密植，阳光不足或通风不良有利病害发生。品种间抗性有差异。

3. 防治方法：

（1）早春精细修剪，剪除病枝、病叶，及时烧毁。

（2）增施磷钾肥，控制氮肥。

（3）发病初期可喷洒 50%多菌灵可湿性粉剂 800～1000 倍液，或 70%甲基托布津 1000 倍液。发芽前喷洒波美 3～4 度石硫合剂，或波尔多液 1：2：100～200。

（二）锈病

1. 症状：锈病是花卉受真菌中锈菌寄生而引起的病害的总称。多种花卉上都可发生。玫瑰锈病，可为害玫瑰地上部分的各绿色器官，主要为害叶片和芽。春季展叶后，叶正面出现不明显的小黄点——性孢子器，叶背及叶柄上出现黄色稍隆起的小斑点——锈孢子器（直径 0.5～1.5 毫米），突破表皮后散出橘红色粉末（锈孢子），病斑外围往往有退色环，以后叶背面又产生略呈多角形的较大（3～5 毫米）病斑，散出橘黄色粉状物（夏孢子），秋季叶背面又出现大量的黑色粉粒（冬孢子堆），嫩梢、叶柄、果实等上面的病斑明显隆起。该病菌还侵染月季、野玫瑰等蔷薇属多种植物。

2. 发病规律：该病菌是单主寄生锈菌，以菌丝体及冬孢子在病芽、病枝、病叶上越冬。夏孢子在生长季节可反复侵染，借助风雨传播，由气孔侵入寄主植物。该病在生长季节皆可发生，以6～7月份发病较重。四季温暖、多雨、多雾的年份利于发病，偏施氮肥则加重病害。

3. 防治方法：

（1）结合修剪，清除病枝、病芽、病叶，烧毁或埋入土中；休眠期喷波美3度的石硫合剂，以消灭侵染来源。

（2）增施磷、钾、镁肥，控制氮肥量，以防徒长；注意通风透光，降低湿度，提高植株抗性。

（3）新叶展开后喷药防治，可选用25%粉锈宁1500～2000倍液、敌锈钠250～300倍液、50%代森锰锌500倍液、0.2～0.4波美的石硫合剂、75%氧化萎锈灵3000倍液。

（三）穿孔病

1. 症状：穿孔病有由真菌和细菌引起的穿孔之分。真菌引起的穿孔如樱花褐斑穿孔病，主要为害叶片，也侵染新梢，多从树冠下部开始，渐向上扩展。发病初期叶正面散生针尖状的紫褐色小斑点，后扩展为圆形或近圆形、直径3～5毫米的病斑，褐斑边缘紫褐色，后期病斑上出现灰褐色霉点。斑缘产生分离层，病斑干枯脱落，形成穿孔。而细菌引起的穿孔病则病斑开始呈水渍状圆形病斑，周围有淡黄色晕圈，病部无霉点，而潮湿时病斑上溢出污黄分泌物，干燥时病斑脱落形成穿孔。除樱花外，该病还侵染樱桃、梅、桃、李、杏等核果类观赏植物。

2. 发病规律：樱花褐斑穿孔病病菌在病叶或梢部越冬，第二年产生孢子借助风雨传播，从气孔侵入。每年6月始发，8～9月病重。大风雨多的年份病重，夏季干旱、树势弱易发病。细菌性穿孔病在枝条溃疡内及病芽内越冬，第二年气温回升，细菌借助风雨、昆虫传播，从气孔或皮孔侵入，每年4月下旬开始，6～7 月病重。

3. 防治方法：

（1）秋季收集感病枝叶并烧毁，减少侵染来源。

（2）加强管理措施，增施有机肥及磷、钾肥，及时防旱防积水，以增强树势，提高抗性。

（3）展叶前后（尤其对幼苗）喷洒 65%代森锌 500 倍液或波美 3～5 度石硫合剂或 1∶1∶100～200 倍波尔多液等。

（4）对细菌性穿孔病可在展叶后喷硫酸锌石灰液（硫酸锌 500 克、消石灰 2000 克、水 120 千克）。

（四）叶斑病

1. 症状：

鸡冠花叶斑病（又称褐斑病），侵染叶片、叶柄和茎部。叶上病斑圆形，后扩大呈不规则状大病斑，并产生轮纹，病斑由红褐色变为黑褐色，中央灰褐色。茎和叶柄上病斑褐色、长条形。

鱼尾葵叶斑病（也称黑斑病）。叶片上产生黑褐色小圆斑，后扩大或病斑连片呈不规则大斑块，边缘略微隆起，叶两面散生小黑点。

君子兰叶斑病（枯斑病）。叶上有椭圆形、长条形浅红褐色病斑，周围有退绿圈，后扩大呈不规则大斑块，病斑上产生黑点。

2. 发病规律：叶斑病菌在病残体或随之到地表层越冬，第二年发病期随风、雨传播侵染寄主。鸡冠花褐斑病夏秋（8～9 月）病重，鱼尾葵叶斑病夏季高温病重，君子兰叶斑病春、秋发生，但温室中四季均可发生。连作、过度密植、通风不良、湿度过大均有利于发病。

3. 防治方法：

（1）及时除去病变组织，集中烧毁。

（2）轮作（温室内可换土）。

(3) 不宜对植株喷浇。

(4) 从发病初期开始喷药，防止病害扩展蔓延。

常用药剂有25%多菌灵可湿性粉剂300～600倍液（50%的1000倍、40%胶悬剂600～800倍），50%托布津1000倍液，70%代森锰500倍液、80%代森锰锌400～600倍液，50%克菌丹500倍液等。要注意药剂的交替使用，以免病菌产生抗药性。

(五) 叶霉病

1. 症状：叶霉病又称红斑病，主要为害叶片，也为害枝干、叶柄、萼片、花瓣、果实和种子。发病初期叶片上出现近圆形紫褐色斑点，直径1～5毫米，后扩大成不规则形大斑，直径7～12毫米，中央淡黄褐色，边缘紫褐色，病斑上有明显的同心轮纹。病斑扩展相连成片，严重时整叶焦枯。潮湿时病斑表面产生暗绿色霉状物，即病菌的分生孢子梗和分生孢子。叶缘发病时，叶片有些扭曲。绿色茎上为紫褐色长圆小点，有些突起，病斑扩展慢，大小仅3～5毫米。叶柄症状与茎上的病斑相似，但为长条状，其上也生有暗绿色霉状物。叶霉病是牡丹和芍药常见叶部病害。

2. 发病规律：病菌以菌丝体在病株残茎、枯叶上越冬，第二年春天分生孢子借气流、雨水传播，侵染为害下部叶片。一般病害始发期在4月下旬～5月上旬，盛发期在8月上、中旬。7～8月份雨量多，湿度大，有利于病害扩展。种植过密，栽培管理不善的庭园发病较重。一般遭受冻害之后，植株抵抗力弱，病害严重。品种之间发病程度有差异。

3. 防治方法：

(1) 及时清除病叶和病枝，集中烧毁或深埋于15厘米以下土内，以减少第二年早春初次侵染的病菌来源。

(2) 加强管理，种植不宜过密，保持植株通风透光。

(3) 发病初期喷洒40%多菌灵胶悬剂600倍液，或50%

甲基托布津800倍液，每隔10～15天喷1次，共喷3～4次。

（六）黑斑病

1. 症状：叶、叶柄、嫩枝和花梗均可受害，但主要为害叶片。症状有两种类型：一种是发病初期叶表面出现红褐色至紫褐色小点，逐渐扩大成圆形或不定形的暗黑色病斑，病斑周围常有黄色晕圈，边缘呈放射状，病斑直径约3～15毫米。后期病斑上散生黑色小粒点，即病菌的分生孢子。严重时植株下部叶片枯黄，早期落叶，致个别枝条枯死，如月季黑斑病。另一种是叶片上出现褐色到暗褐色近圆形或不规则形的轮纹斑，其上生长黑色霉状物，即病菌的分生孢子。严重时，叶片早落，影响生长，如榆叶梅黑斑病。

2. 发病规律：黑斑病是月季上的主要病害，发生普遍，危害严重。病菌以菌丝体或分生孢子盘在枯枝或土壤中越冬。第二年5月中下旬开始侵染发病，7～9月为发病盛期。分生孢子借风、雨或昆虫传播、扩大再侵染。

雨水是病害流行的主要条件，降雨早而多的年份，发病早而重。低洼积水处，通风不良，光照不足，肥水不当等有利于发病。

3. 防治方法：

（1）选用优良抗病品种。

（2）秋后清除枯枝、落叶，及时烧毁。

（3）加强栽培管理，注意整形修剪，通风透光。

（4）新叶展开时，喷50%多菌灵可湿性粉剂500～1000倍液，或75%白菌清500倍液，或80%代森锌500倍液，7～10天1次，连喷3～4次。

除此以外，在设施栽培环境中，还有以下几种病害：

灰霉病：在潮湿低温条件下，极易发生。症状复杂，有疫病，溃疡病，球茎、鳞茎及种子等器官的腐烂病，幼苗的猝倒病等，常发生于叶尖和叶缘处，发病初期病部多为水渍状斑点，后期常长满灰色霉层。寄主范围很广，主要为害仙客来、海棠等。

炭疽病：主要为害叶片和茎部，叶片初发病时病部多呈圆形、椭圆形红褐色小斑点，后扩大为深褐色病斑，病斑中央产生纹状小黑点，边缘呈暗绿色；茎部发病时，常产生圆形或近圆形的淡褐色病斑。病因主要是盆花摆放过密，叶子交叉感染，以及高温闷热、通风不良而致。主要为害兰花、茉莉、万年青等观叶植物。

上述二者在发病初期，用75％百菌清可溶性粉剂600倍液或用70％甲基托布津粉剂1500倍液防治。

花叶病毒病：为世界性病害，主要为害叶片及花蕾等部位。发病初期，叶片开始退绿逐渐变褐色，病叶黄化，扭曲，主要是种球种苗带病毒引起。主要为害唐菖蒲、仙客来、香石竹等。做好蚜虫、蚧壳虫等防治工作，并定期喷施病毒灵对防治病毒病有一定的效果。

细菌性腐烂病：多发生于多汁的组织即鳞茎、球茎、块根上，病部表现为组织解体，并流出带臭味的液汁。高温湿度大，施氮肥多的环境有利于发生与流行。主要为害仙客来、鸢尾、君子兰等。用农用链霉素连续喷施或浇灌3～4次，可有效预防该病的发生。

三、花卉主要虫害的防治措施

（一）刺吸式害虫

1. 蚜虫：蚜虫又称蜜虫、腻虫等，多属于同翅目蚜科，为刺吸式口器的害虫，常群集于叶片、嫩茎、花蕾、顶芽等部位，刺吸汁液，使叶片皱缩、卷曲、畸形，严重时引起枝叶枯萎甚至整株死亡。蚜虫分泌的蜜露还会诱发煤污病、病毒病并招来蚂蚁危害等。对园林花卉造成危害的常见蚜虫主要有桃蚜、桃粉蚜、棉蚜、菊蚜、月季长管蚜等。

（1）形态特征：蚜虫虫体细小、柔软。触角长6节，分为基部和鞭部两部分，第三节至第六节基部常有圆形或椭圆形的感觉圈。多数蚜虫腹部第六节背面有一对腹管，腹部末端有尾片。蚜虫有具翅、无翅个体，生殖方式有孤雌生殖和有性生殖、卵胎生和卵生。蚜虫的体色有绿、黄、浅绿、深青等。

（2）发生规律：蚜虫的繁殖力很强，繁殖代数因种类、气候及营养条件的不同而有较大差异。①桃蚜：桃蚜又称桃赤蚜、烟蚜等，分布范围广，危害植物多，对碧桃、山桃、梅花、樱花、兰花、蜀葵等均有危害。北方地区桃蚜一年发生10～30代，以卵或孤雌蚜在桃树或温室中越冬，第二年春2月下旬～3月初羽化，危害开始。5月初繁殖加快，产生有翅蚜后迁飞到其他寄主上。10～11月返回桃树越冬。②桃粉蚜：主要危害碧桃、山桃、梅、樱花、杏、李等。一年发生多代，冬季以卵在桃、梅等枝条或芽缝处越冬，第二年4月初孵化，以无翅胎生雌蚜不断进行繁殖，5月出现有翅蚜后迁往禾本科的杂草上进行危害。③棉蚜：主要危害木槿、蜀葵、扶桑、石榴、紫荆、菊花、兰花、梅等。一般一年发生20～30代。冬寄主为木槿、石榴等，棉蚜在其上产卵越冬。花卉中的夏寄主为菊花、柑橘等。④月季长管蚜：主要危害月季、蔷薇等花卉。一年发生多代，胎生为主。一般以成蚜在寄主的叶芽和叶背越冬，第二年4月上旬起在月季新梢、幼叶、花蕾上寄生繁殖，4月中旬开始出现有翅蚜，迅速繁殖危害。

蚜虫在20℃左右、气候干燥的条件下繁殖迅速，高温高湿不利于繁殖，危害及繁殖高峰一般在5月中旬和10月中下旬，须适时防治。

（3）防治方法：①清洁园圃，消除越冬虫源；②保护瓢虫、草蛉等天敌；③药剂防治：选喷40％氧化乐果乳油1000倍液、73％乐斯本1500倍液、40％速扑杀乳油2000倍液、25％敌杀死乳油3000倍液等，连喷2～3次。

2. 介壳虫：介壳虫在温室花卉中分布广泛，种类繁多。该虫常群集于枝、叶、果实上，刺吸植物汁液，使枝叶枯萎死亡。同时，介壳虫排泄的蜜露还易诱发煤污病。

介壳虫是一类小型昆虫，体长 0.5～7 毫米。虫体一般被有蜡质的粉状、毛状、丝状分泌物或各种形状的介壳。雌雄异形，雌虫没有明显的头、胸、腹分区，无翅，雄虫有一对膜质前翅，后翅变为平衡棒，寿命短，交配后死亡。介壳虫固定后即较难移动，主要通过苗木流通等传播。由于其虫体外被有蜡质，一般药剂难以侵入，较难防治。

(1) 吹绵蚧：即绵团介壳虫、棉花虱、棉籽虫等，主要危害黄杨、柑橘、玫瑰、月季、红背桂、海桐、扶桑、无花果、米兰、桂花、含笑等。①形态特征：吹绵蚧是一类体形较大的介壳虫。雌成虫体长 4～7 毫米，椭圆形，橘红色，腹面扁平、背面隆起呈龟甲状，身上密被灰黑色细柔毛，虫体外被白色蜡质。成熟雌虫腹部附有白色卵囊，椭圆形，上有脊状隆起线 14～16 条，卵囊内有大量卵粒。雄成虫体长约 3 毫米，橘红色。卵长椭圆形，初产时橙黄色，后变橘红色。②发生规律：在北方地区一年发生 2～3 代，主要以若虫及雌成虫越冬，次年 5 月为产卵盛期，5 月下旬～6 月上旬为盛孵期。若虫孵化后先在卵囊中过一段时间，后转移到枝干阴面固定危害。每只雌虫产卵数百粒，危害极大。

(2) 日本龟蜡蚧：主要危害山茶、栀子花、白兰、含笑、石榴、樱花、桂花等。①形态特征：雌成虫扁椭圆形，紫红色，背部隆起，蜡壳长约 4 毫米。白色至灰白色，蜡壳表面有龟状纹，周缘有 8 个粗糙隆起。雄成虫体长约 1 毫米，翅半透明，性刺两侧无白色蜡毛，蜡壳白色，周缘有 13 对大形角状突。卵长椭圆形，孵化前呈紫红色。②发生规律：一年发生 1 代，以受精雌成虫在枝条上越冬，次年 3～4 月开始取食危害，5 月上旬～6 月产卵，每只雌虫可产卵 100～2000 粒，6～7 月若虫孵化，群集为害，逐渐固定并形成蜡壳。雄成虫8月中旬成形，9月上旬羽化，多在叶上危害，雌成虫则多在枝条上危害。

（3）红蜡蚧：又称红粉介壳虫、胭脂虫，对山茶、苏铁、柑橘等花木均有危害。①形态特征：雌成虫体长约3～4毫米，椭圆形，老熟时蜡壳紫红色，中央隆起呈半球形，顶部凹陷呈脐状。蜡壳下的虫体紫红色。雄成虫体长1毫米，暗红色。卵椭圆形，淡紫红色。②发生规律：一年发生一代，以受精雌虫越冬，次年5月下旬至6月上旬为越冬雌虫产卵盛期。温室中世代交替现象严重。

（4）糠片蚧：又名灰点蚧、圆点蚧等，因介壳形状、色泽和糠片相似而得名。主要危害柑橘、蔷薇、山茶等花木。①形态特征：雌成虫体长约1毫米，椭圆形，紫红色，蚧壳长圆形，灰白色或灰褐色，中部稍隆起。雄成虫淡紫色，有触角和翅各1对，足3对，腹末有针状交尾器，雄虫介壳细长。卵椭圆形或长卵形，长约0.3毫米，淡紫色。②发生规律：一年发生3～4代，以受精雌成虫或卵越冬，第二年4月开始危害。

防治方法：①加强植物检疫，在花木的引种调运过程中密切检查介壳虫；②介壳虫自身传播扩散能力差，虫口密度小时，可用牙刷、牙签等刮除虫体，也可结合修剪剪除虫枝；③药剂防治：可选用40％氧化乐果乳油1000～2000倍液（加入适量柴油和中性洗衣粉有利药性发挥）、73％乐斯本1500倍液、40％速扑杀1000倍液等喷洒。也可埋施3％呋喃丹颗粒剂、15％铁灭克颗粒剂等，一般直径30cm的花盆可分别施用20克、5克。

3. 温室白粉虱：白粉虱，又称小白蛾，主要集中在北方的温室中。寄主有瓜叶菊、樱草、一品红、倒挂金钟、扶桑、杜鹃、月季、茉莉、一串红、万寿菊、仙客来等。成虫、若虫群集叶背吸食汁液，可使叶片发黄脱落，分泌的蜜露还易诱发煤污病、病毒病。

（1）形态特征：系同翅目粉虱科害虫。①成虫：雌成虫体长1～1.5毫米，雄虫略小。触角7节，末端有一刚毛，喙粗呈针状。虫体和翅被白色蜡粉，前后翅的翅脉简单。②若虫：扁平椭圆形，淡黄或黄绿色，因龄期不同大小各异。③卵：长约0.22～0.26毫米，长椭圆形，有卵柄，初产时为淡绿色，微覆蜡粉，后变黑色，略有光泽。

（2）发生规律：北方温室中每年发生6～11代，各虫态均可在温室中越冬，世代重叠严重。春天随花木的出室迁出，继续危害。露地的白粉虱一般春末夏初数量上升，夏季高温多雨时略有下降，秋季迅速达到高峰，并移入温室。其繁殖以两性繁殖为主。卵多产于叶背。初孵若虫可在叶背短距离移动。成虫选择嫩叶群集产卵，对黄色有强烈趋性。

（3）防治方法：①悬挂黄色粘板，捕杀成虫；②烟雾法：22%敌敌畏烟剂，0.5千克/亩，于傍晚时关闭门窗熏烟；③喷雾法：喷洒25%扑虱灵可湿性粉剂1500倍液、20%灭扫利2000～3000倍液、40%氧化乐果乳油1000倍液、20%速灭杀丁2000倍液；④埋药法：花盆内埋施内吸药剂，如15%铁灭克颗粒剂（内径30cm花盆，用5克），效果良好。

4. 红蜘蛛：俗称火龙虫、火蜘蛛等，属节肢动物门蛛形纲蜱螨目叶螨科。普通红蜘蛛又称棉红蜘蛛，对海棠、木槿、美人蕉、蜀葵、梅、旱金莲、木芙蓉等花木造成危害。危害方式以成虫、幼虫、若螨群集叶背刺吸汁液，使叶片出现退绿斑点，逐渐变为灰白斑和红斑，严重时叶枯焦脱落，形似火烧。

（1）形态特征：螨类一般体形小，卵圆形或圆形。普通红蜘蛛成螨的雌螨较雄螨略大，背红褐色，体背两侧各有黑长斑1块，足4对，无爪，足和体背有毛。卵圆球形，有光泽，无色至深黄色带红点。幼螨近圆形，有3对足。若螨体形、体色似成螨，但个体小，足4对。

(2) 发生规律：红蜘蛛在华北地区一般一年发生10多代，以雌成虫在树皮杂草、枯枝落叶及土缝中越冬，温室中可全年危害。气温10℃以上时即开始大量繁殖危害，一般最适温度22℃～27℃，相对湿度5%以下，5～6月危害最重，雨季来临时虫口下降。

(3) 防治方法：药剂防治为主，可选喷40%三氯杀螨醇1000～1500倍液、35%杀螨特乳油1500倍液、73%克螨特乳油1500倍液、15%扫螨净1500～2000倍液。

以上四种虫害是花卉设施栽培中最主要的。

(二) 食叶害虫

1. 大蓑蛾

(1) 形态及生活习性：雌成虫无翅，蛆状，长25毫米，雄成虫有翅，体长约为15～17毫米，黑褐色。幼虫头部赤褐色或黄褐色，中央有人字形纹，幼虫、雌成虫有护囊，一年发生一代，以老熟幼虫在护囊内越冬，幼虫食用植物叶片，可将叶片吃光只残留叶脉，影响植株生长发育，雄蛾有趋光性。

(2) 防治方法：人工消灭越冬虫卵；孵化期喷90%敌百虫晶体1000倍液，或80%敌敌畏乳油800倍液，或50%杀螟松乳油800倍液。

2. 拟短额负蝗。又名小绿蚱蜢、小尖头蚱蜢。

(1) 形态及生活习性：成虫体长约20毫米，淡绿或黄褐色，梭状，前翅革质，淡绿色，后翅膜质，透明，若虫体小，无翅。一年发生3代左右，卵块在土壤中越冬，成虫和若虫均咬食叶片，造成孔洞和缺刻，严重时可把叶片吃光，喜欢在植株茂盛并湿度较大的地方。

(2) 防治方法：可人工捕捉；冬季深翻土壤，或用药剂消毒，减少虫卵；用50%杀螟松乳油1000倍液，90%敌百虫原药800倍液，或80%敌敌畏乳油100倍液。

3. 黄刺蛾

(1) 形态及生活习性：成虫体长1.5厘米左右，头和胸部背面金黄色，腹部背面黄褐色，前翅内半部黄色，外半部褐色，后翅淡黄褐色。幼虫黄绿色，背面有哑铃紫红色斑纹。黄刺娥一年发生1～2次，以老熟幼虫在受害枝干上结茧越冬，以幼虫啃食造成危害。严重时叶片吃光，只剩下叶柄及产脉。

(2) 防治方法：①点灯诱杀成虫。②人工摘除越冬虫茧。③在初龄幼虫期喷80％敌敌畏乳油1000倍液，或25％亚胺硫磷乳油1000倍液，或2.5％溴氰酯乳油4000倍液。

4. 金龟子

(1) 形态及生活习性：体卵圆或长椭圆形，鞘翅多有光泽，成虫主要夜出危害。有趋光性，受害部位多为叶片和花朵，严重时可将叶片和花朵吃光。金龟子的幼虫称为蛴螬，是危害苗木根部的主要害虫之一，金龟子一年发生一代，以幼虫在土壤内越冬。

(2) 防治方法：①利用黑色灯诱杀成虫。②利用成虫的假死性可于黄昏时人工捕杀成虫。③喷施40％氧化乐果乳油1000倍液，或90％敌百虫原液800倍液。

5. 蔷薇叶蜂

(1) 形态及生活习性：成虫体长7～8毫米左右，翅黑色，半透明，头胸及足有光泽，腹部橙黄色。幼虫体长20毫米左右，黄绿色。蔷薇叶蜂一年可发生两代，以幼虫在土中结茧越冬。有群集性，常数十头群集于叶上取食，严重时可将叶片吃光，仅留粗叶脉。雌虫产卵于枝梢，可使枝梢枯死。

(2) 防治方法：①人工连叶摘除。②冬季控茧消灭越冬虫卵。③喷施80％敌敌畏乳油1000倍液，或90％敌百虫原液800倍液，或50％杀螟松乳油1000～1500倍液，或2.5％的溴氰菊酯乳油2000～3000倍液。

（三）蛀干害虫

1. 天牛

（1）形态及生活习性：各种天牛形态及生活习性均差异较大。成虫体长约9～40毫米，多呈黑色，一年或二到三年发生一代，以幼虫或成虫在根部或树干蛀道内越冬，卵多产在主干主枝的树皮缝隙中，幼虫孵化后，蛀入木质部危害。蛀孔外堆有锯末和虫粪。受害枝条枯萎或折断。

（2）防治方法：①人工捕杀成虫，成虫发生盛期可喷5%西维因粉剂或90%敌百虫1000倍。②在产卵期及时刮除虫卵。③用铁丝钩杀或用棉球蘸敌敌畏药液塞入洞内毒杀幼虫。④成虫发生前，树干涂白，防止成虫产卵。白涂剂用生石灰10份，硫磺1份，食盐0.2份，动物油0.2份，水40份配成。

2. 咖啡蠹蛾

（1）形态及生活习性：成虫体灰白色，长15～28毫米。触角黑色，丝状，胸部背面有三对蓝青色斑，翅灰白色，半透明。幼虫红褐色，头淡褐色。一年发生一到二代，以幼虫形式在枝条内越冬。以幼虫入茎部危害，造成枝条枯死，植株不能正常生长开花，或茎干蛀空而折断。

（2）防治方法：①剪除受害嫩枝，枯枝集中烧毁。②用铁丝插入虫孔，钩出或刺杀幼虫。③向虫孔注入80%敌敌畏或40%氧化乐果100～200倍液，虫孔用湿泥封闭。④孵化期喷施40%氧化乐果，或80%敌敌畏乳油1000～1500倍液，或50%杀螟松乳油1000倍液。

（四）地下害虫

地下害虫又称根部害虫。这类害虫生活在土壤中，取食刚发芽的种子或植株的根部、嫩茎及幼芽等。常见的有蝼蛄、蟋蟀、蛴螬、金针虫、地老虎、种蝇等。这类害虫种类多，分布广，食性杂，危害隐蔽，常给育苗和花木生产带来严重的损失，必须进行防治。

1. 主要种类

(1) 蝼蛄：俗称拉拉蛄、土狗子。属直翅目蝼蛄科。分布全国各地，杂食性害虫。常见的有两种：一是华北蝼蛄，主要分布于我国北方；二是非洲蝼蛄，主要分布于我国南方。蝼蛄是苗圃、花圃、草坪的主要地下害虫之一，以若虫和成虫咬食幼苗的根、嫩茎及刚播下的种子，并在地表挖掘坑道把幼苗拱倒，造成缺苗断垄，严重影响苗木和花卉生产。

3 年一代，以成虫和若虫在土中越冬。成虫昼伏夜出，有趋光性。3 月底至 4 月初开始活动危害，4 月中、下旬危害最严重（此时正值各种播种苗发芽生长初期），咬食苗根和嫩茎，造成严重缺苗断垄现象，或使苗根与土分离、苗木枯死。

(2) 蛴螬：俗称地蚕。属鞘翅目金龟子科。全国各地均有发生，是金龟子幼虫的总称。常见的有铜绿丽金龟、黑绒鳃金龟（东方金龟）、小青花金龟、白星花金龟、红脚绿丽金龟等金龟子的幼虫，是草坪、花卉、树木的主要害虫。多危害植物的根、茎，轻者根茎部分被咬食，影响植株生长；重者将根茎皮层吃光或环食土表下的主茎皮层，使植株死亡。

该虫年发生代数，因种类而异，一般一年发生一代或二年一代。常年生活在有机质多的土壤中，其生活与土壤温、湿度有关，通常在春季和夏末秋初两季发生危害，尤其阴雨连绵的天气，危害猖獗。冬季低温和夏季高温蛴螬在深土层越冬和越夏。

(3) 地老虎：俗称切根虫、夜盗虫。属鳞翅目夜蛾科。分布很广，遍及全国各地。危害园林植物的地老虎全国有 10 多种，主要有小地老虎、大地老虎及黄地老虎 3 种，其中以小地老虎最多，为害也最重。其食性很杂，危害 100 多种园林植物，是苗木、花卉、果树、草坪的重要害虫。以幼虫危害苗木，3 龄后幼虫夜晚出土活动，将幼苗茎干咬断，拖入土穴中取食，同时也能爬到苗木上部咬食嫩茎和幼芽，常把大量苗木咬死。

小地老虎在华北地区一年发生三代，越往南，年发生代数越多。以蛹或老熟幼虫在土中越冬。幼虫危害期分别为 5 月中、下旬；8 月上、中旬；9 月下旬至 10 月上、中旬。10 月下旬幼虫老熟，在土中化蛹越冬，来不及化蛹的老熟幼虫在土中越冬。幼虫共 6 龄，3 龄前群集在叶或茎上危害，5 龄后为暴食期。成虫飞翔力很强，昼伏夜出，有趋光性，喜食带酸、甜、酒味的食物液。卵多产在低矮叶密的杂草上，以近地表的叶子上最多。

2. 综合防治方法

(1) 加强田间管理，中耕除草，消灭虫卵。圃地精耕细作，并施用充分腐熟的有机肥，可减少蝼蛄、金龟子产卵。

(2) 灯光诱杀。利用成虫的趋光性，在成虫羽化盛期用杀虫灯诱杀成虫。

(3) 毒谷毒杀。煮半熟的谷子，晾后拌上 50%辛硫磷乳剂制成毒谷，每亩用量 1～2 千克，随同种子播下，可防治蝼蛄、蛴螬、金针虫等。

(4) 毒饵诱杀：取 90%敌百虫 50 克，拌入 5 千克煮至半熟或炒香的饵料（如麦麸、饼肥等）中作毒饵，在傍晚撒入花木根部附近，可诱杀蝼蛄、地老虎，效果显著。

(5) 人工捕杀：①采用秋季土壤翻耕、耙地或 1 龄幼虫期大量灌溉等措施，可以降低蛴螬的虫口密度；②当苗床表面土下 5 厘米深的土温在 15℃以上时，蛴螬活动深度在床面下 15 厘米的土层内，此时用 20 厘米长细钢针按水平方向 1 厘米间距下扎，可有效杀捕 2～3 龄幼虫。

(6) 药剂防治：辛硫磷具有较强的触杀作用，杀虫范围广泛，对地下害虫杀虫效果很好，残效期可达 3 个月。①用 50%辛硫磷乳剂 1∶100 倍液拌种；②用 50%辛硫磷乳剂 1000 倍液沟施或浇灌，或用 5%颗粒剂每亩 2 千克施于土壤中。

（五）其他有害动物

设施环境中的温度高、湿度大、空气不够流通，使得其他一些有害动物也时有发生，以北方为例，主要有三大害虫：蛞蝓、鼠妇、蜗牛。它们对温室花卉的负面影响极大，从根、茎直至叶片与嫩芽，可谓无所不害。现分别对其形态特征、生活习性、危害状况以及防治措施做一简述，希望对生产者有所帮助。

1. 鼠妇：又名西瓜虫或潮虫，属甲壳纲动物。体长约 10 毫米，背灰色或黑色，宽而扁，有光泽。体分 13 节，第一胸节与颈愈合。有两对触角，其中一对短且不明显。复眼一对，黑色，圆形，微突。初孵出的鼠妇为白色，足 6 对，经过一次蜕皮后有足 7 对。

鼠妇一年发生一代。喜欢在潮阴条件下生活，不耐干旱。当外物碰触时，其身体立即蜷缩呈球形，假死不动。鼠妇再生能力比较强，如果触角、肢足断损，能通过蜕皮再生新的触角、肢足。

鼠妇白天潜伏在花盆底部，从盆底排水孔内咬食花卉嫩根，夜间则伤害花卉的茎部，造成花卉茎部溃烂。

防治鼠妇方法有三点：

（1）保持温室内部清洁，及时清除杂草与垃圾。

（2）用 20%杀灭菊酯 2000 倍液或 25%西维因 500 倍液喷施盆底。

（3）发生严重时，可将 30%久效磷合剂 3000 倍液喷洒于花盆、地面和植株上。

2. 蛞蝓：俗称鼻涕虫、蜒蚰，陆生软体动物。成体长约 25 毫米，分头、躯干、足三部分，肉体外露，柔软而无外壳，淡黄褐色，触角两对，后触角顶端有眼，体表分泌许多黏液，足平滑，雌雄同体，一般异体受精，同体受精多发育不良；幼体长约 2.5 毫米，形状与成体相似，无纵线，触角暗灰色；卵呈念珠状串联，椭圆形，半透明。

蛞蝓一年发生两代，以幼体或成体在花卉根部附近土内过冬，第二年3月间开始活动，4月变为成体，交尾产卵，卵期半月左右。蛞蝓性喜潮湿、阴暗、多腐殖质的地方，怕光，白天隐藏于花盆底下，夜间出来寻食和繁殖。其耐饥饿性非常强，成体在适宜环境下，可活1至3年。蛞蝓5至6月份危害最严重。温室花卉被蛞蝓侵害后，轻者叶片缺刻或有孔洞，重者嫩芽被咬食，影响其生长发育与开花。

对蛞蝓的防治措施主要有两种：

（1）定期清理温室内外环境，发现蛞蝓随见随杀，特别是每年的4月份，更应当加强人工捕杀力度。

（2）在花盆周围撒施石灰粉或泼浇五氯酚钠。五氯酚钠毒性较大，用时需慎重。

3. 蜗牛：陆生软体动物，有壳。对温室花卉产生危害的蜗牛有四种：灰巴蜗牛、薄球蜗牛、同型蜗牛、条华蜗牛。常见的为灰巴蜗牛。灰巴蜗牛有两对触角，其中后触角比较长，其顶端长有黑色眼睛，贝壳中等大小，壳质坚固，呈椭圆形，壳面黄褐色或琥珀色，并有密生的生长线与螺纹。灰巴蜗牛的卵为圆球形，乳白色，有光泽，初孵化的幼贝和贝壳呈浅褐色。灰巴蜗牛一年发生一代，寿命可达一年以上。成虫产卵于花卉根际的土中或花盆下面的松土内。蜗牛的生活习性与蛞蝓相似。

蜗牛白天栖息在花盆底部或其他阴湿处，夜晚则爬出到叶片等处危害。被害的叶片上有零星小缺刻甚至全部被吃光，爬过之处均留下银色痕迹，影响花卉花木的光合作用与观赏效果。

蜗牛的防治措施主要有：

（1）经常检查，及时捕杀。

（2）撒施8%灭蜗灵颗粒剂或10%多聚乙醛颗粒剂（1.5克每平方米）。

（3）在温室阴湿处及花盆底部施石灰粉。

图书在版编目（CIP）数据

花卉设施栽培/王建书，卢彦琪编著. —北京：中国社会出版社，2009.9

ISBN 978-7-5087-2799-8

Ⅰ. 花…　Ⅱ. ①王…②卢…　Ⅲ. 花卉—温室栽培　Ⅳ. S629

中国版本图书馆 CIP 数据核字（2009）第 164444 号

书　　名：花卉设施栽培
编　　著：王建书　卢彦琪
责任编辑：夏丽莉

出版发行：中国社会出版社　　邮政编码：100032
通联方法：北京市西城区二龙路甲 33 号新龙大厦
电话：（010）66080300　　（010）66083600
（010）66085300　　（010）66063678
邮购部：（010）66060275　电传：（010）66051713
网　　址：www. shcbs. com. cn
经　　销：各地新华书店

印刷装订：保定彩虹印刷有限公司
开　　本：140mm×203mm　1/32
印　　张：4. 25
字　　数：95. 5 千字
版　　次：2009 年 11 月第 1 版
印　　次：2014 年 3 月第 3 次印刷
定　　价：8. 00 元